U0111894

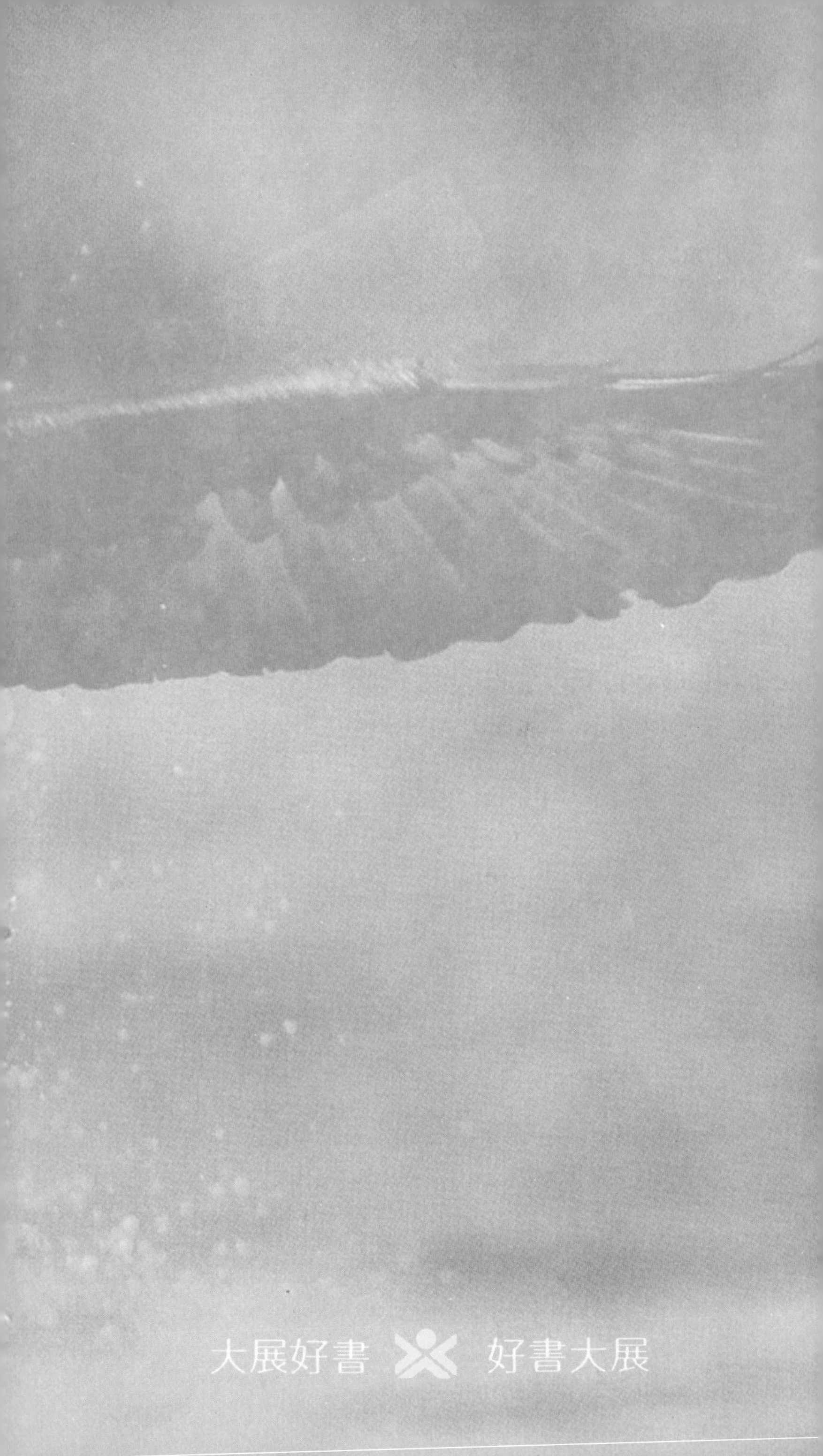
大展好書 好書大展

大展好書　好書大展

醫學博士
楊啓宏／著

美容外科新境界

美容外科的手術及理論

15
健康天地

序言

美容外科是一門新興的科學。近幾年來由歐美各國首先帶領，日本及台灣的社會也急起直追，使得這門新興學問，頻受各層階級人士的重視。不論男女，不計老少，大家都興起一股對美容外科的興趣。

今天的社會，是一個全面公開的社會。你的臉上皺紋增加了，不需要太多的普通常識，你自己，甚至於你的朋友都知道你將需要拉臉皮了。如果你生下來並沒有雙眼皮，你的同學或者你自己都知道，醫生能夠很容易的為你製造一對雙眼皮的。又如肚皮太大了可以抽脂，鼻子太小了能夠隆鼻……等等，再再都表示著美容外科是多麼普通的深入到社會的每一個角落裡面呢。

雖然美容外科是這樣的普通，不過幾乎大眾所知道的美容外科都是相當膚淺的。雖然大家都知道鼻子太小了需要隆鼻，不過很少人知道，到底隆鼻有多少不同的方法？到底注入矽膠來隆鼻子好不好？它會發生什麼樣的結果或副作用呢？

這種種事情是相當重要的，如果你不知道這些事情，而只一知半解的知道醫生可以隆鼻，甚至任何一個人都可以為你隆鼻，這將會使你發生很大危險的。

如果你只知道一點皮毛，倒不如完全不知道的好，因為如果你完全不知道，你可能不會去冒險。相反的，你必須對美容外科瞭解得更清楚，才能夠知道怎麼樣去選擇你的醫生，怎麼樣與醫師研討，以及如何好好準備你將要做的美容外科手術以及正確的在手術後好好的，安全的照顧你自己。尤其我們東方人的體質跟西方人也不大相同，有一些手術方法，以及可能發生的副作用也與西方人有異。

身為美容外科醫師的我，覺得利用大眾媒體來對大家做美容

ΩΩΩΩΩΩΩΩΩΩΩΩΩΩΩΩΩΩΩΩΩΩΩΩΩ

外科的介紹，以最客觀的立場，最誠懇的語言，來灌輸給大衆有關美容外科的知識是義不容辭的。

自從一九九〇年六月開始，洛城的國際日報就為我闢出一個美容專欄，每個星期一次不斷的為我刊出有關美容外科的常識。在這當中，中國晨報、太平洋時報、世界日報以及星島日報也間間斷斷的為我刊出一些文章。這兩年來，算一算也寫了不少的文章了。

作者在這期間也陸陸續續的接到了許多讀者的來信！有的是詢問一些美容外科問題，有的則要我寄給他們一些因為休假或是報紙停刊所造成中斷了的文章。

在第一年裡面，我的責任是廣泛的敍述所有美容外科的項目。在第二年當中，我只是提出一些比較有趣的，或者是大衆正在爭論的一些主題，重點式的討論。

在這第二年的週年紀念日前夕，我發覺更多讀者來信要求我

ΩΩΩΩΩΩΩΩΩΩΩΩΩΩΩΩΩΩΩΩΩΩΩΩΩ

寄給他們我曾經寫過的文章。有的人因為在看的當時並沒有那種需要，現在覺得需要時，卻又找不到原來的那篇文章，有的人則是聽友人介紹，希望能夠看一看我對某些特別美容手術的意見。這一連串的信件以及電話，使我覺得有把這些資料聚集起來刊訂成書的必要。

我很簡單的將第一年的文章編成一冊《美容外科淺談》，因為在第一年內，我本來就有準備印行單行本的意思。

至於第二年的文章，則比較注重主題式的討論，這是因為幾年來，美容外科的進步以及改進很大，有些主題，在我第一年撰寫的時候還正在議論紛紛，一直到最近才變成定論，當然也有一些主題，就是到目前為止，還是議論分歧，更有一些美容外科的手術及理論到目前為止還繼續在進步中呢。

這些主題式討論的文章，我就統統把它收集在第二冊《美容外科新境界》。也許幾年之後，我還想出一本第三冊來討論一些最新的美容外科成就及理論呢？

總之，美容外科是一種新進的，而且還是在天天進步的一種科學。這本書只是代表著作者個人所知的常識以及個人所學得的經驗。編寫本書的目的，是希望能夠藉此給廣泛的大衆一個最新的知識介紹而已。

可能，你還有一些問題，歡迎你來信，作者將十分樂意與你共同討論。

以下是作者的聯絡地址：CHI H. YANG, M.D. 425W. MAIN ST. #202 ALHAMBRA, CA 91801

啟宏　寫于　洛杉磯

一九九二・十・二〇

目錄

一、上眼皮美容

上眼皮部分的美容手術，最多的是雙眼皮以及疲勞眼的手術。

上眼皮開刀之後，普通差不多會腫了七天；不過最腫的大部分是在最初的三天，尤其在術後的第二天及第三天最厲害。至於皮下瘀血的情形，則是因人而異，因為每個人的身體狀況不同之故。普通如果注意不要吃阿斯匹靈（Aspirin），不要選擇在月經前後或月經當中開刀的話，皮下鬱血的機會，應該不會太多的。如果鬱血現象發生了，普通會在人中部位眼下部發青，差不多會持續十多天，然後慢慢地變成黃色而消失。這些青色或黃色，普通是可以用化粧品掩蓋掉的。

開刀之後三天內，在眼皮上使用冰敷是可以對紅腫有所幫忙的。不過三天之後，則以溫、熱敷為佳。另外，手術後的頭幾天，最好不要平睡，因為這樣子是很容易增加腫脹的厲害性的。

至於開刀後的疼痛問題，並不會很嚴重。以作者本人的病人而言，普通是在剛開刀後的那一天，服用一至二顆止痛藥而已，很少在術後第二天還須服用止痛藥的病人。不過痛覺得厲害與否，是各人不同的。

東方人的上眼皮手術與西方人的手術，是有很大差別的，這是因為我們的上眼皮在構造上與他們不同的緣故。西方人的眼皮提升肌是直接長到眼皮上的，而東方人則不是這樣，東方人的眼皮提升肌與眼皮之間，隔上一層脂肪，所以有那麼多人天生的只是單眼皮。東方人在開刀之後，如果不小心的把肌肉與眼皮縫好，就可能變回了單眼皮或者變成了你不希望有的形狀。

有些人，當醫師檢查的時候，明明是雙眼皮，不過，她不告訴醫生說：我的雙眼皮是貼出來的，或者是年紀大了之後才變出來的……等等。如果不把這些情形告訴醫生，很容易使醫生誤會你本來就像西方人那樣的天生雙眼皮，而忽略了術後應該補上幾針，來替你造成雙眼皮。

在考慮雙眼皮的安置部位時，有幾個問題，應該在心理上先明瞭。

＊第一：你到底喜歡有多寬的雙眼皮？

所謂雙眼皮的寬度，是從雙眼皮線到睫毛線的距離。而這個寬度在中間點是最厚，在眼頭部及眼尾部就會變成窄一點。一個東方人平均差不多有零點七公分寬的雙眼皮，西方人的雙眼皮的寬約一公分。你如果希望保持東方人的尺寸，就不要把雙眼皮做得太寬，而叫人一看就像是西方人的眼睛那樣。

＊第二：你希望你的雙眼皮線變成多深？

如果雙眼皮縫得深，則雙眼皮會變得十分明顯，相反的，如果線縫得淺了，則變得不太明顯，有時變成幾乎看不到雙眼皮那樣。這也是一個很重要的問題。每個人因為他們的喜好不同，對雙眼皮的深淺也要求有異。開刀後的頭幾個月，普通雙眼皮是會覺得比較深了一點，這是因為術後腫脹的關係。作者時常對受術者說，術後的最初六個月中，是會覺得比較不自然的。

＊第三：在眼頭部分，你希望直線越到眼頭部，或是彎曲下來？

直線越過眼頭部可以使眼睛覺得大一點，不過消失了東方人眼睛的特色——神秘感。

＊第四：眼尾部分，你希望上眼皮的開刀線到眼尾部停止？或是越過眼尾部？如果想超過眼尾部，到底要超過多長？你希望眼尾部往上勾？或是往下彎？或是平行直線？

這也是很重要的問題，有些人想要做一對鳳眼，這當然也應該告訴醫生的。

如果你的問題是疲勞眼的話，那麼，你的雙眼皮割切線，就應該要延伸到眼尾的後面，必須這樣做，才能將眼尾部分多餘的眼皮割掉的，否則會造成三角眼，或其他畸型的狀態。

讀者們，在眼皮手術之前，應該考慮到所有以上敍述的問題。如果還沒有完全明瞭，則應該好好再與醫師詳談一下，這樣才容易得到你滿意的術後效果。

二、雙眼皮的美容問題

在臉部來講，東方人與西方人有一個絕大的不同點，那就是上眼皮的不同了。西方人，除了與東方人混血的後裔之外，幾乎百分之百都有雙眼皮。但東方人則不是，三分之二以上的東方人，尤其日本、韓國及中國人，都是單眼皮。所以，很多學者甘脆把雙眼皮叫它做西方型眼皮，而單眼皮則叫它為「東方型眼皮」了。

單眼皮是從遺傳而來的，而且是採取陽性遺傳。那就是說遺傳的基因藏在「X」基因上，所以只要父、母親當中，有一個是單眼皮的話，那麼他們的孩子們得到單眼皮的機會是至少百分之七十五，有時甚至於超過這個或然率。有人已經開刀將單眼皮變雙眼皮了，等到又有另一次開刀時，如果你不告訴醫師一下，很可能在第二次眼皮手術之後，你會又變成了單眼皮呢。

我們常常看到雞、鴨的上眼皮也是雙眼皮，所以一些自我陶醉的單眼皮者便說，單眼皮的人是比較進步的人類，因為雙眼皮在動物的身上也是看得到的，以此自慰。其實，幾乎百分之六十五以上的單眼皮人士，是一直羨慕著雙眼皮的。這當中，當然女性佔得比較多，男性比較少。可見一直到現在為止，東方人的時尚，還是傾向於，將上眼皮變成西方化的。

其實，西方人之所以有雙眼皮，東方人之所以有單眼皮，其原因在於我們在上眼皮的解剖學上構造與西方人是完全不同之故。人類的上眼皮，所以會往上開起，是因為提眼皮肌的關係，因為提眼皮肌是從頭骨部長到眼板上的。西方人的上眼皮內脂肪不太厚，而且他們的提眼皮肌還分出了一小部分直接連接到上眼皮的皮膚上；因為如此，每當他們上眼皮一張開時，眼皮也會像一扇門那樣子開上去，而使眼皮上面留下了一條橫線的皺紋，這就是所謂的雙眼皮了。東方人的上眼皮呢？大部分是太厚了，而且提眼皮肌又相當吝嗇的，不願多分出一小束的肌肉接到表面皮膚上，所以，就沒有雙眼皮了。

單眼皮除了外觀上覺得厚厚的使一些人不喜歡之外，還有人因為單眼皮而產生了倒睫毛的現象。這並不是說雙眼皮的人，就不會有倒睫毛的現象，只是單眼皮者比較容易發生倒睫毛的現象罷了。

單眼皮的人還有一個特殊的缺點，那就是由於上眼皮太厚了，眼睛也相對的會變小一點；在今天隱形眼鏡那麼普遍的時代，有些單眼皮者，隱形眼鏡就很困難放得進去。這些人，一等到他們改成雙眼皮了之後，都變成輕而易舉的，毫無痲煩的可以戴上隱形眼鏡。

目前，美容外科醫師是能夠替你把單眼皮改成雙眼皮的。開刀手術之前，你必須先在心裡上有一個準備，到底你所要的雙眼皮是那一個樣子的雙眼皮呢？這是一個很重要的問題。你應該告訴你的醫生，你要你的雙眼皮像西方人那樣粗線條型，一公分寬呢？還是像東方人那樣，小橋流水似的，寬約六公分呢？或者要更小，變成半隱半現型的樣子。你也要告訴醫生，關於眼尾的部分，要平行式的、月鈎式或者像西施那樣往上蹺起來的樣子。還有，你也必須告訴他眼頭的部分，你是要你的雙眼皮蓋過眼頭部分呢？還是喜歡像大部分的東方人，雙眼皮是從眼頭部分開始，而後慢慢明顯起來的樣子。

千萬不要要求得太離譜了，因為如果醫師勉強順乎你太過離譜的要求，術後往往會覺得太不自然，因為你也應該考慮到需要配合其餘部分的臉蛋，才能達到自然美的目的。

至於怎樣把單眼皮變成雙眼皮呢？方法有幾種。

第一種是利用物理方法。譬如用膠紙貼上了，用鉗子夾上了……等等，這些方法，美容師可能比較知道，作者本人沒有很多這一方面的知識，而且做了之後可以保持多久呢？也是一個你必須知道的問題。普通都只是暫時性的。

第二種方法是利用縫合的方法。利用這種方法，就不必像開刀那樣比較大的手術，腫的時間很短，而且很快就會覺得很自然的。不過，這種方法只能使用在眼皮很薄，沒有太多脂肪，而且眼皮又不太鬆，沒有太多眼皮的人才可以。而且利用這種方法所造成的雙眼皮，以後雙眼皮消失的機會比較大。這種方法，簡單講起來，就是利用縫合線，製造出一條從提眼皮肌到上眼皮的表面皮膚下的一條拉線。有了這條拉線，每當我們眼睛張開時，上眼皮就會被拉上而產生雙眼皮現象了。不過，因為縫線的拉力會隨著時間消失，或是肌肉會慢慢與縫線分開的關係，只要縫線不繼續拉著眼皮時，雙眼皮的現象就會沒有了。

還有，如果一個人，他眼皮內的脂肪太厚了，那麼利用縫線的方法，並不能夠把脂肪除去，其效果是不會太好的。有些人，有許多過剩的鬆弛眼皮，這些人，如果利用縫線法，縫好了之後，馬上又變成了「內雙」的情形，也是徒勞無功的。所謂「內雙」，就是說雙眼皮被藏在鬆弛的上眼皮裡面，看不出來的樣子。

第三種方法，是所謂的雙眼皮形成手術法。利用這種方法，醫生大概須要一個半小時的時間，在上眼皮的地方做了局部麻醉，割去一小片的眼皮及皮下組織，拿去過剩的脂肪，然後縫上了雙眼皮。利用手術方法所造出的雙眼皮，普通是可以保持最久的，效果也應該最好的。不過因為開刀的關係，一定會有疤痕留在開刀口的痕跡上，這疤痕普通會在二至六個月之後慢慢變成了跟附近皮膚一樣的顏色。這跟每一個人的體質是有很密切的關係的。另外，開刀之後，雙眼皮的部分會繼續腫了一段時期，在這段腫脹的期間，你的雙眼皮會覺得十分不自然。這段時間的長短也是因人而異的，有的人一、兩個星期就消腫而變成很自然的；有的人都要等到六個月之後，才慢慢消腫，變成自然。

至於做了雙眼皮手術之後，到底有沒有什麼副作用呢？我們順便提出來談一談。

首先，大家最關心的就是，手術之後的疼痛。開刀做雙眼皮了之後，別人看你，都覺得你會很痛的樣子，不過實際上受術者本身卻不會有太多的難受。作者，通常給接受手術者六顆止痛藥丸，告訴他們說，如果痛的話，每四個小時至六個小時可以服用一顆止痛藥，結果平均每個人開刀後，只用去了三顆，甚至根本沒有使用一顆止痛藥者，大有人在呢。

其次，最常有的事情就是腫脹。上面也已經提過，開刀之後七至十天的腫脹是一定會有的，有些年輕人，只腫了三—四天的也有。這些腫，是整個眼睛的腫脹，整個眼皮以及包含著眼皮的所有眼眶部分都會腫。有時還會有皮下鬱血發生，如果你的術後時期，也發現有皮下鬱血的話，那麼，你可能需要兩個星期才能完全使鬱血全部退掉了。雖然眼睛周圍的腫脹，在兩個星期內會完全消失，可是，留在睫毛上面的那段條狀皮膚呢？卻是十分不容易消腫呢？為了使這段最有影響性的皮膚容易消腫一些，許多人使用許多種不同的藥物來想為這塊皮膚去腫，結果還是徒勞無功。

依作者的經驗，這小片皮膚，普通需要一個月至四、五個月才會完全消腫，這當然也是因人而異的。這塊皮膚不容易消腫，最主要是因為淋巴液的循環被阻止的原故。同時，也就因為這小塊皮膚不容易消腫的原故，每個人開刀完了之後，都會覺得雙眼皮的部分太寬了一點，不太自然。作者，普通都先如此向病人警告，告訴他們在心理上必須先要有個準備，在開刀完了之後的幾個月之內，會覺得很不自然。

這個問題在女孩子應當是比較沒有問題一點，因為他們可利用化粧的技術，在腫的雙眼皮上面加一些陰影就可以比較容易渡過這個難關了。

另外的一些問題，就是幾乎每一個人，兩邊眼皮的鬆弛度都不會完全一樣的，所以，醫生們往往從兩邊眼皮上拿去相等大小的眼皮，結果在恢復期間，常常就會見到兩邊雙眼皮有一些寬狹不平均的現象，這些現象，普通在幾個月之後，是會漸漸不明顯的，如果到那時還有明顯的不對稱時，醫師們是能夠再替你調整完好的。另外，開刀完後在雙眼皮部分，是會有一點麻木感的，這種麻木感，有時會一直延長到幾個月之後，這問題，實在是一種手術後的必經過程，受術者，是不必太介意的。

很多人都會問起，雙眼皮開刀完後，會不會發炎?術後發炎，在雙眼皮開刀的病例上是比較少見的。普通我都這樣子告訴我的病人說，你的身體上如果有什麼地方發炎，尤其是臉上或手上有長怎麼樣子的膿瘡的話，最好不要急著在這個時候來開雙眼皮，必須要等到發炎已經好了之後才可以做這個手術，否則，就比較有機會受到感染發炎的。

有的人，眼球結膜上，因為受到開刀時的一些刺激，在術後發生了結膜炎，這些事情，有時是會發生的，不過，醫生能夠用內服或是外服藥，來為你解除這種問題。至於睫毛外翻症的情形，普通是很少發生的，除非你愛美心切，急著想要你的醫生拿去比你應該除去的還要多的皮，那你就有眼睫毛外翻的可能性產生了。

總之，雙眼皮的問題雖然很多，很平常，開雙眼皮也不是一種很大的開刀，不過，讀者們還是要具備一些基本知識，知道怎樣去請教你的醫師，如何在術後適當的保養，這樣子，才能使你的錢不白費，使你的術後結果滿意。

三、雙眼皮開刀時應注意的事情

雙眼皮開刀太普遍了。所以，有些人會忽視這種開刀，認為很簡單的問題，不去關心它。其實，雙眼皮的開刀，是一種十分技術性的學問，無論是醫生或是病人，都需要鄭重其事，小心翼翼的保養它，而且一些特別在雙眼皮的開刀時才有的特殊問題，更是需要瞭解清楚，這樣子，才能夠使這個手術圓滿以及成功。

有本於此，許多美容外科醫師也都與作者一樣，詳細列出一些注意事項，專門給受術者閱讀，藉此，希望受術者能夠充分明瞭開刀前後的一切問題，進而希望開刀時及開刀後，受術者能夠駕輕就熟，沒有困難，一切都能夠順利完成。

我想把這些必須瞭解的問題分為三個部分。

＊第一：手術前必須瞭解的事情

想接受雙眼皮開刀的人，必須先要在心理上有一個腹案，到底你希望的雙眼皮是多少寬度呢？普通東方人的寬度是五至八公分寬。如果太寬了，就接近西方人的雙眼皮寬度。太窄了呢?就不會有太明顯的雙眼皮，而且術後，這雙眼皮也比較快就消失掉，因為當年齡增大，上眼皮的皮膚更鬆弛之後，這個小小一片的雙眼皮就很容易被蓋起來而逐漸消失了。

其次的問題，就是眼尾的部分，你要你的雙眼皮做怎麼樣的走法呢。是往下彎，變成圓形眼睛，還是手術變或所謂的未廣型眼睛，或者是往上蹺變成西施眼。那一種形式的眼睛，你都必須在術前就要告訴醫師的。

個人的經驗上是平行方式為最多病人所喜歡。另外一點必須小心的，就是男性病人，最好不要請求醫師在眼尾的部分，割得太長了，如果這樣子做的話，那麼開刀之後幾個月當中，你會有一條很明顯的疤痕;這個疤痕在女性方面，是不太要緊的，因為她們能夠很簡單的，以化粧的方法掩飾掉的。

至於眼頭的部分，你必須告訴醫師，你在不在乎我們東方人的特性——眼頭部分的眼勾。如果你不希望有眼勾時，那麼你必須請求醫師，把眼勾也去掉。不過，每一位受術者必須瞭解，去除眼勾並不是沒有代價的。因為去除眼勾之後的眼頭部分，是比較會產生疤痕的。

雖然醫師能夠使用局部注射的方法，把這些疤痕去除掉，不過經驗告訴我們，想完全去除眼勾，使眼睛完全西方化的人並不多，因為代價太大了。我們最常看見的，最多病人要求的就是以一些特別的技巧，使眼頭部分的雙眼皮長得明顯，這樣子做法，大部分的人都能夠假以亂真，看起來就像眼勾完全消失的樣子了。

雙眼皮的開刀之後，普通都會腫上一個禮拜，然後在雙眼皮的部分，還會覺得很不自然，總共差不多兩、三個月之久的。這些事情，應該在還沒開刀之前，就要完全明瞭的。所以，當你準備接受開刀之前，你最好在心理上、在時間上，就有這樣子的準備，才不會臨時，在工作上無法找人幫忙，而勉強帶著腫腫的眼睛上班，增加了許多不愉快的經驗。

＊第二：手術時必須瞭解的事情

這種手術，大部分的醫師都希望利用局部痲醉進行。手術前應該好好的用肥皂或化粧用洗臉皂洗完臉；眼皮的部分，最好不要化粧，這樣子比較合乎手術前的衛生。不要吃太豐富的餐點，也不要食用太過油膩的食物，以防手術中不舒服的情形。普通醫師還會為你打些鎮靜劑，這些藥物有時會使人發生頭昏、嘔吐的現象。所以開刀前不要吃太多東西是對的。

其實，你也不必太過於緊張的，因為這種開刀，只是當醫師替你做局部痲醉時有些疼痛之外，其他時間，你是不會覺得太不舒服的。普通病人在接受開刀時，都常常是打呼睡著的。開刀時不覺得很大疼痛，就是開刀完後，也不會有太大痛苦的。

普通醫師差不多需要一個小時至一個半小時的時間來做這個手術。手術剛剛完後，醫生都希望你在他的診所多躺上半個小時至一個小時，醫師利用這段時間，教病人如何使用冷敷及傷口的保護方法。開刀剛開完，醫師是不希望你四處亂跑，也不希望你使用太多體力的，因為這樣做，有時會增加你傷口癒合不良的危險。

＊第三：手術後必須瞭解的事情

手術後的第一天，會有一些血水從傷口上跑出來，這是很平常的事情。當天晚上，最好是能夠施用冷敷，而且睡覺時也最好能夠把頭部抬高一點，這樣子會減少很多腫脹以及鬱血的麻煩。普通上眼皮的地方，經過開刀之後，是會腫上五天至七天的，有的人因為體質特殊的關係，會腫到第十天才消去。

關於這一點，每一個受術者都應該要明瞭的。開刀之後，一定會腫上一個星期左右的，因為體質的不同，有的人腫得久一點，有的人不會腫的太厲害。甚至於同一個人的兩個眼睛腫的程度，也各有不同，有人因為兩眼腫的程度不同，而造成暫時性，兩個眼睛眼皮不等大小，或不等深淺的情況。在這種情形下，受術者每每會緊張異常，認為醫師縫得不平均了，或是不對稱了等等。

這是十分重要，而每一個準備接受開刀的人，在開刀之前，心理就應該有所準備的。一半以上的人，在恢復期間，兩邊眼皮的腫脹程度都會有或多或少的不平均，這可能因為我們睡覺時候姿勢的問題，可能因為我們平常日常動作當中，左右兩邊用力不等的關係，也可能因為眼皮裡面黏著程度以及所存脂肪及纖維組織不等之故而引起。經過了幾個月之後，兩邊會漸漸均勻下來的。如果急著做校正手術，百分之九十以上，都會因此而造成弄巧成拙，不可收拾的結果。

談到腫的問題，在雙眼皮的手術上，還有一種特別的問題，那就是在睫毛到雙眼皮線的這一小段皮膚，會繼續腫上兩個月至三個月的時間，當然，如果你沒有腫到三個月，那是你的幸運，不過，如果你腫了三、四個月、甚至於五、六個月，也並不是一種不正常的事的。當這一小段皮膚腫脹時，你會覺得你的雙眼皮太寬了，而且這一小段皮膚的腫脹，往往是兩邊的程度不相等。

這個不相等程度的腫脹，很容易造成病人本身以及他們的朋友的錯覺，以為雙眼皮不均等了，或太大了，或太深了……等等。在這段時期當中，不要急著找醫生再糾正或修改，因為這是一個引起以後更厲害變形的最大原因。最重要的是要起碼等六個月以上，到那時，如果還有不均等現象的話，請醫生替你修改，是比較理想的。

第二個常見的情形是開刀的地方產生比較厲害一點的出血了。在這種情況下，出血普通在十二個小時內都會自己停止的，只是經過了出血，這個眼皮底下，所固定的線，很可能會變鬆，變成無固定效果；換句話說，如果你的組織內有太厲害的出血時，雖然這不是一個危險的問題，不過你的縫合線消失的情形便有可能會發生。如果縫合線效果消失，你就可能在那一邊眼皮的一個部分或全部的雙眼皮會變成不明顯或沒有了。這種情形，是可能會發生的，如果你是這樣的情形，醫生可以替你做很簡單的修改手術，而這個修改手術，可以在術後的四、五個禮拜後進行。

有時，不等程度的皮下鬱血是會有的。對付皮下鬱血的情形，在開刀之後的頭三天，應該使用冷敷的方法，三天以後，則應該利用熱敷方法來治療。使用這種治療，會加速皮下鬱血情況的復原。

開刀了之後，有的人有時會有幾個星期至幾個月的時間，眼睛覺得不舒服或是眼球覺得乾乾的，這些事情，自己會慢慢回復正常的，有時點一些眼藥水就能夠把這種情形改善。

雙眼皮部分的那小段皮膚，開刀之後，會有痲痲的感覺，這也是一定會發生的，只要給它幾個月的時間，感覺就會慢慢復原了。

在眼頭以及眼尾的部分，比較可能會產生一小塊硬硬的結締組織瘤。如果你有這樣情形的話，醫生是能夠替你在局部的地方注射藥品，來慢慢的把這些結締組織化掉的。在眼睛頭部的地方，因為其特殊的生理組織的關係，比其他的眼睛部分容易產生疤痕組織，也因為這個原因，我們也常常建議病人不要急著做眼睛前面的眼勾消除術的。不過，在這個地方的疤痕，只要耐心的等七、八個月之後，是會慢慢消失的。

對這些疤痕，最常使用的方法是利用化粧來掩飾掉，如果七、八個月之後還很明顯的話，有時可以利用磨皮或雷射的方法來消除掉這些疤痕的。

其實，雙眼皮手術是一種很有實效的開刀法，祇要你對這些注意事項完全明瞭，心理上有備而來，那麼這種手術是可以放心而為的。

四、下眼皮部分的美容問題

在下眼皮的地方，常見的問題有幾種，那就是：一、眼袋或眼疱的問題；二、下眼皮老化及皺紋的問題；三、下眼皮部分黑斑的問題；四、下眼皮長疣的問題。

眼袋或者眼疱的發生，不一定要年紀大的人才有，當然年紀大了，脂肪往下積存起來，固然會發生眼袋的現象，不過我看過很多人，年紀輕輕的，就已經有很明顯的眼袋了，這是因為遺傳的緣故。至於皺紋的產生，這純粹與皮膚的老化有關了，不過也不一定要年紀很大，才會產生皮膚老化及皺紋，有人年紀還小，因為不保護皮膚，或者是抽煙，或是一直遭受烈日或冷風的摧損，這一切種種原因，都可以使你的皮膚增速老化，在下眼皮產生許許多多的皺紋的。下眼皮部分長出黑斑的原因，也是與皮膚保養以及曝晒在烈日之下有關。至於長疣則是因為體質的關係，皮膚小心保養，當然也會多少防止疣的長出的。

下眼皮部分如果皺紋太多，產生老化現象了，這當然是一種嚴重的美容問題，我看見許多太太們，成天呆在美容院裡面，按摩、指壓、換皮，……等等，就是為了去除這些下眼皮地方的皺紋。可惜，利用物理治療的方法，只能把皺紋暫時的清除一些，可是永久性的除去皺紋，還是需要利用開刀的方法來處理。

開刀前，醫生必須先把眼皮清洗及消毒，然後在下眼皮的地方做局部痲醉。當然，一小部分的病人，不希望知道開刀前後的情形，要求手術在全身痲醉下進行，這當然也是可以的。其次，醫生會在眼睛睫毛下差不多二厘米的地方，沿著眼皮邊緣的曲線做了一條大約三點五公分的切線。然後，以這條切線做出發點，使皮膚小心的與皮下組織分離出來。等到皮膚分離了之後，醫生便能夠把下眼皮拉緊，多餘出來的一部分下眼皮，便可以切除掉，然後再把開刀的切線口用很細的針線縫上，這樣子便完成了這項使你下眼皮回復年輕的手術。普通，手術時間約須一個半小時；開刀之後，局部的地方會腫脹差不多七天至十天；病人在開刀後第三天及第七天，須要醫生複診及拆線。拆線之後，一切情形的復元就都指日可待了。

用這種方法來處理下眼皮的皺紋是最常被病人們使用的了，因為它不會太不舒服，疼痛很少，術後效果也較為顯著，所以最受人接受。

另外，還有利用脫皮的方法來清除下眼皮皺紋的。醫生最常使用的是化學脫皮法，利用一種酸性，或鹼性的化學藥品，局部塗擦在下眼皮皺紋的地方，這當然要把有皺紋的皮膚脫去，使它再生一層新的而且沒有皺紋的皮膚。雖然聽起來相當簡單，不過實際上，用這種方法治療的，只能使用在一些比較輕微的皺紋上，如果皺紋很利害的人，用這個方法是無效的。另外東方人因為是有色人種，五分之一至十分之一的病人，經過化學脫皮之後，整塊下眼皮會變成黑色的斑點，弄巧成拙，十分不值得。

所以對東方人，作者不贊成使用化學脫皮的方法來除去皺紋，如果一個東方人，他下眼皮的皺紋只是輕微的話，我的建議是使用一種極輕微的酸性軟膏，利用這種軟膏，天天塗用，兩、三個月之後，也同樣能夠達到換皮的效果，而且也不會造成黑斑的副作用。

至於下眼皮地方長「眼袋」或是有「眼疱」的問題，那就非用開刀的方法不可了。開刀的方法可以從下眼皮的皮膚做切開，也可以從下眼瞼的結膜處做開刀。讓我們先來討論一下，從下眼皮皮膚上開刀的一個方法，這個方法，其實跟上面我們討論的去除皺紋的開刀方法大同小異。切口沿著下眼皮睫毛底下二厘米的沿線進入，把皮膚與皮下組織整個分開，找出積存在肌肉下面的脂肪球，其實這些脂肪球就是造成眼袋或是眼疱的原因，把這些脂肪球小心的取出，這時必須小心的做好止血工作，因為通常很多小血管黏附在這些脂肪球的旁邊，不做好止血工作，術後比較會有出血的現象。

當眼袋除去了之後，百分之九十的人，下眼皮就會顯出了多餘的皮膚，如果不把這些多餘的皮膚拉緊，術後往往會有多餘的皮膚，而造成皺紋滿滿的現象，所以，每當醫生把多餘的脂肪球除去了之後，一定會順便除去一小片皮膚，使病人在術後不會發生太多皺紋及眼皮老化的現象。

這種開刀，須時一個半小時，一般都是在局部痲醉下進行，術後腫脹的程度依各人的體質及年齡而有不同，一般腫脹的時間大約七至十天，術後疼痛的情況也很輕微，百分之九十以上的眼袋，尤其是東方人的眼袋，都是使用這種方法進行。

使用這種方法，唯一的缺點就是，開刀之後，在下眼皮的地方有一個開刀的痕跡，這個開刀的痕跡普通是紅紅的，一直到三至四個月之後才會慢慢消失，當然有的人體質好一點，消失得更早，有些人體質不好，則停留得久，甚至於有人在疤痕上結痂皮，收縮起來，使下眼皮外翻，而造成了不雅觀的外表，而須再一次的矯正手術才能夠使這個不愉快的問題解決。也就是因為這些問題，所以有些醫生採用由下眼瞼結膜處進入開刀的方法。

這種開刀也是可以使用局部痲醉進行的。醫生會把下眼皮翻開，然後在裡面的結膜上做開刀切口，結膜切開之後，把結膜下組織分開，找出多餘的脂肪球，小心翼翼的把脂肪球拿出，小心的止血，然後又把結膜縫上。利用這種方法來處理眼袋的問題，是完全沒有考慮到眼袋拿去了之後的皺紋的問題，因為由結膜進去，是無法把多餘的皮膚拿去的。

所以，我們普通使用這種開刀方法的對象是很侷限的，譬如一個年紀很輕，只有眼袋，完全沒有皺紋問題的病人，而且他又十分擔心在眼皮的地方有疤痕，或者是一個有十分嚴重長疤痕瘤體質的病人，或者是一個白人，他同意做了眼袋手術之後，馬上加上下眼皮脫皮的步驟。這種病人，醫生才願意施行這種由結膜開刀的眼袋去除手術。

如果一個東方人，我使用從結膜切開眼袋手術，普通不馬上做脫皮術。醫生通常讓他等了六至八個星期，如果皺紋實在太多了，那時，我們會建議他由眼皮下開刀取皮，或者使用脫皮軟膏，把皺紋利用三、四個月的時間慢慢除去，這也是一個變通的辦法了。

不過經驗告訴我們，一個東方人的眼袋，最普通，最合邏輯的開刀方法，還是從下眼皮直接開入的方法最適合。

在下眼皮的地方有黑斑，治療的方法是與其他臉部的黑斑治療方法相同的。如果這個黑斑，只是局部的一小塊，普通用雷射治療是最有效的，不過如果整個眼皮，甚至於整個臉部都長滿黑斑了，那麼最好是用外服軟膏來除黑斑。用這種方法須要比較長的時間，普通至少要四、五個月才開始見效，而且還須要繼續治療一段時期。

治療黑斑的人，也還必須注意皮膚的保養，保持定量的唯他命及營養，而且注意防止太多日光及寒風的傷害，這樣子才能夠得到完全的療效。

至於下眼皮的地方長出許多不等大小的瘤或疣，目前最好的治療方法是利用電灼或雷射將它們去除。有時因為長得太多了，需要分成幾次才能夠完全去除掉。除掉了之後，皮膚的地方會留下一點一點紅紅的傷痕，這些傷痕必須經過幾個月的時間才能慢慢的消失掉。至於這種皮膚疣發生的真正原因，至目前還不能完全明瞭，所以，我們無法告訴你怎麽樣才能夠預防。

如果讀者在下眼皮長出這些東西的話，最好早一點接受治療，否則越長越多，一下子治療下來，眼皮上會留下多處的瘡疤，也是不大雅觀的。

五、下眼皮開刀時應該注意的事情

如果你有太多皺紋或是有眼袋、眼疱的問題時，很可能你須要接受下眼皮的開刀。在開刀前，開刀中以及開刀後，許多事情你必須瞭解及加以注意，這樣才能夠使你的開刀一切順利，並且能夠達到比預期更好的效果。

作者預備把應該注意的事情分成三個階段來講。

＊第一：手術前必須瞭解的事情

在未開刀前，你必須使醫師對你的身體情形，完全瞭解。有一位病人，告訴我說，她對每一樣藥品通通過敏，沒有一位外科醫生能夠使用任何一種痲醉藥來做她的痲醉。詳細與她談論了之後，我發覺這位病人只是對局部痲醉藥當中，一種我們加入幫忙血管收縮的藥物反應特別靈敏而已。而正好以前每一位醫師都患了同樣的毛病，沒有跟她問清楚而使這位病人造成了錯覺，以為她是世界上唯一的奇人，對任何一種痲醉藥都過敏，差一點使這一位病人今後對所有開刀都拒絕呢。結果，經過詳細的解釋與實驗，我已經對這位病人做了兩次不同的開刀而毫無什麽不良的副作用發生呢！所以，我覺得手術之前，應該好好的告訴醫師，你有沒有什麽毛病，譬如：血壓不正常，心臟有問題，心律不整或是對什麽藥物有過敏……等等，都要告訴你的醫生，使他對你的身體情況完全瞭解清楚，這樣才能夠使你的手術順利進行，而且可以避免許多不必要的問題的發生。另外，你也應該好好的請教醫師，有關開刀實際情形，到底開刀是開在什麽地方？切口有多大？開刀的大致情形是怎麽樣？痛不痛？開完之後會不會腫？會不會皮下鬱血？腫多久？開完之後有沒有紗布或繃帶包紮起來？可以不可以馬上駕車回去？開刀需要開多久？第二天可不可以馬上上班？需要休息多久？……等等，這些都是很重要的問題，你必須在開刀之前，完全明瞭了，這樣子才不會臨時手忙腳亂，而且也是對你準備要接受這個手術有極大的幫忙的。

普通這種手術，作者都是使用局部麻醉的。病人都知道，在開刀前三、四個小時內，就不要吃得太多，免得有時因為麻醉藥而噁心的話，就覺得十分難受。開刀前，我們常會給病人一些鎮靜劑，使病人比較能夠平心靜氣來接受開刀。此種手術，大約需時一個半小時。醫生會在睫毛下做一條很細很細的，大約三點五公分長的開口，從裡面拿出脂肪，然後會切去一部分的下眼皮，此後這個切口，醫生會用很細的針線縫上，普通不會貼上膠布。作者普通都不希望病人自己駕車回去，因為術前我們已經給予適量的鎮靜劑，加上眼皮的地方，已經有開刀，術後駕車比較容易發生意外事件，而且病人對臨時事故的處理也會比較遲鈍一些。所以，手術之後，最好安排有人替你送回家，比較安全。另外，下眼皮在手術後平均會腫脹五至十天，所以請三天至一個星期的假是應該的。

還有一點，在術前就應該從醫生的地方問清楚，你的眼睛在手術成功了之後會變成怎麼樣情形？作者時常不厭其煩的告訴我的病人，手術之後，你會發現你不希望的眼袋以及皺紋，只會消失了百分之八十五至九十左右，當然，幸運者百分之百的脂肪及皺紋通通消失的人，也是大有人在，不過普通的情況下，一些皺紋還是會存在的。這些情形，你最好在手術之前已經明瞭清楚，以免術後發覺了而心理覺得不舒服。

＊第二：手術當天須要注意的事情

開刀當天，最好不要進食太多的東西。因為胃部存儲太多的東西，在開刀當中，你躺得太久了，會覺得不舒服。而且開刀中，醫師所使用的痲醉藥或是鎮靜劑，有時會使你發生噁心或嘔吐的現象。當天最好用肥皂把臉洗清潔就好，不要化粧，至少不要在眼皮上做化粧，因為這些化粧品如果清除不乾淨，反而會造成開刀後發炎的機會。醫師有時會給你一些藥，要你在開刀前一個小時內服用，有時醫生會叮嚀你暫時停止服用你平常天天使用的藥物，有時醫生會叫你不要停止你的心臟藥或血壓劑等等，這些事情，一定要遵照醫師的指示行事，因為很可能在開刀前，醫生不會記得再跟你校對一遍，這樣子，往往會造成開刀中一些臨時緊急事件發生的可能。開刀之前，記得再跟醫生會面一次，弄清楚醫生究竟知道你所希望的下眼皮的樣子，也同時完全明瞭醫生到底要在你下眼皮開刀的所有程序，然後，你可以安安心心的接受手術。在開刀當中，最好心平氣和的好好休息一下，雖然你不覺得痛，不過你還可以聽到及感覺到醫生在你的下眼皮上做手術，你仍究能夠問醫生有關開刀的問題，不過切勿把身體或眼球亂動，這往往會造成手術進行的困難，有時甚至於會影響開刀的繼續進行，進而影響到開刀之後的效果。下眼皮的開刀，大概需要一個半小時的工夫。

開刀完後，你必須在恢復室中休息三十分鐘至一個小時，然後必須有人替你帶回家休息，切勿自己駕車回去，這樣子很容易發生意外事故而徒增危險。

剛剛開刀完當天，醫生普通會給你一些藥膏，做局部塗抹在傷口上，預防發炎並且增速傷口的痊癒。有時從傷口的地方，會有一點點血水滲出來，這是一件很正常的事，千萬不要大驚小怪，這種血水滲出的現象，在第二天以後就不會再發生了。你也應該遵照醫生的指示，把頭部抬高，或者休息在幾個枕頭上，甚至於就躺在沙發的椅背上，因為頭部抬高是會幫忙減輕術後傷口部分腫脹的情形的。開刀後，在傷口上面做一些冷敷，也是相當有用的一個方法。作者普通會送病人一個冷敷用的袋子，你只要把這個袋子先放進冷藏庫一段時期，再拿出來時，就可以放在傷口上做一至兩個小時的冷敷治療了。平常我們也常教病人，存放幾條濕毛巾在冰箱裡面，用這些冰冷的濕毛巾來做冷敷治療也是同樣很有效的。

很多人問說，當醫生打局部麻醉的時候會不會痛？依照我的病人告訴我，他們認為與牙科醫生在替你拔牙之前打麻醉藥時疼痛的程度差不多。我普通在還未做局部麻醉之前，先給病人一些鎮靜劑，這當然更可以替你減輕一部分的緊張與疼痛的程度了。至於開刀後的當天夜裡會不會疼痛的問題，這也是因人而異的。跟拔牙齒一樣，麻藥過了之後的當天晚上，傷口部分是可能會痛的。不過，這種痛是一種輕微的，每一個人都能夠忍受得了的痛。

作者普通會給病人五、六顆止痛藥，手術後的病人，如果疼痛時每四個小時至六個小時可以服用一顆。平均每一個人服用了三顆止痛劑之後就不再須要了。

＊第三：手術之後必須注意的事情

手術之後，眼睛以及傷口的附近是一定會紅紅腫腫的。雖然腫脹的程度因人而異，不過平均都會腫四、五天左右，有的人更會腫到一、兩個星期，有時還會有一些皮下出血現象。如果在術後的最初幾天，休息的時候注意把頭抬高，而且常常冷敷的話，腫的程度都會普遍的減輕許多的。如果術後第四天之後，你還有皮下鬱血時，我們是建議將冷敷改成熱敷，由此，溫度可以增速循環，進而幫助皮下鬱血的解散。

開刀後的頭幾個星期，你還會看到眼袋的地方還是腫腫的，這是因為脂肪取出之後，體內液態物會暫時填入眼袋取出後的空間的緣故。受術者在這段時期應該要繼續遵照醫師的指示冷敷、熱敷、按摩……等等，經過了一段恢復時期之後，一切都會變得理想的。

眼尾的部分常常會有一個小小隆起的疤痕，這個疤痕普通經過了幾個月之後是會慢慢消失的，按摩會增速這小小疤痕的消失。有時醫生會幫你打入一些藥物來增速這個地方不雅觀疤痕的產生。

在上一章我曾經提過，受術者應該瞭解，皺紋是不可能百分之百完全去除掉的。有時下眼皮開完之後還會有一點點微細的皺紋，其實這應該是相當正常的，如果連這些微細的皺紋都想要去除掉的話，那唯有使用化學脫皮來幫助了。化學脫皮的藥物有很多種，而且也有很多不等強度的藥品。在西方人來說，貝克溶液是最常被使用的；但這對於東方人的皮膚卻不行，常常會造成不可收拾的局面，反而留下了不能改正的黑斑。所以東方人來講，最好是不用化學脫皮，如果真正需要時，也只好使用強度極弱的藥膏，慢慢的脫皮，才不會有危險。

有時候，眼睛的結膜地方，因為在開刀時受到血液或藥物的刺激，術後會發生短暫性的結膜炎，而且這種結膜炎會一直返返復復的發生了幾個月，這種情形尤其容易發生在有過敏性體質的人們，這也是你在接受這種手術時，心理上應該有的一種準備了。

作者有時也看到下眼皮開刀後，產生暫時性的睫毛外翻症，這種現象尤其在男性病人當中最容易發生。作者本身本來就相當保守的，但願不要除去太多的下眼皮而造成眼皮外翻的不良後果。在作者手下，就有一、兩位男性病人，術後發生了暫時性的眼皮外翻，有一位最厲害的，須要一、兩個月的時間才回復正常。這一點，也是作者要提醒將要接受開刀的人所必須瞭解的一件事。

最後一點，就是無論如何，必須等上起碼三個月，才可以看出大部分的開刀效果。在開刀後的初期，組織還是腫脹，尤其常常有兩邊眼皮不對稱的現象。每一個人應該安安心心的等著你自已的內部組織緩慢的恢復。有時病人太心急，一直希望醫生趕快再次做修改手術，普通太急著做修改手術的後果都不會很理想的。

六、東方人的隆鼻術

東方人與西方人的鼻型，有很大的差別。西方人的鼻子大部分都是高高的、大大的，不像東方人的鼻子矮矮的、扁扁的，鼻樑凹凹的，鼻頭肥肥的，腫腫的那樣子。也就是這些基本構造上的差別，東方人與西方人想要隆鼻整容，其方法各有不同。東方人因為構造上的特殊，所以由日本人首先創導而風行的所謂東方人隆鼻術，也就獨自在東方人的社會上特別流行。這種隆鼻術至今已流行了三、四十年了，每年還是有大批大批的人在做這種隆鼻整容。不過這種隆鼻術並不怎麼受到西方醫師們的接受，其實這種隆鼻術對西方人也是不大合適。在目前美容外科學上，這種隆鼻手術還是最適合東方人的一種隆鼻術的。

在沒有發明此種隆鼻術之前，許多醫師尤其在日本及中國方面很多人使用液態矽直接打入鼻樑以及鼻子的各部分。利用此種所謂小針美容的方法，事實上也能夠把鼻子改變成十分好看的外表的。可是第一，液態矽不是固體，所造出的鼻子比較沒有堅固感；第二，液態矽會慢慢移動位置，使鼻子隨著時間慢慢變形，而失去原來美麗的形像；第三，矽可以產生局部組織反應，使局部組織發炎、發硬甚至於鈣化。目前用小針美容來隆鼻的方法是不被美容外科的醫師所接受了，除非你只有在鼻尖上有一個小小的缺陷，只需要一點點液態矽就能夠把缺點塡補上，否則用小針美容方法來隆鼻是不好的。

東方人想隆鼻，目前最正常的是「裝入模型隆鼻法」。這個方法本來是日本人發明的。這是利用固態矽（Silicon），彫刻成醫師及病人所希望的形態，直接裝入皮下，放在鼻骨與皮膚之間，以此可以墊高鼻樑的部分，也可以使整個鼻子，甚至於鼻尖部突出，顯出鼻子的性感。至於裡面裝入的東西，由以前所用的硬矽膠，到以後進步成的軟膠，以及最近所用的以軟矽膠做鼻體以硬矽膠做鼻根部分的模型；也有醫師使用病人自己本身的耳朵軟骨；也有人使用肋骨或腰骨甚至使用消毒處理之後的骨頭……等等不同物質。

作者最喜歡使用同時這也是最進步一型的鼻模型就是體軟根部硬的一種鼻模型。至於這個模型，許多醫師喜歡自己彫刻，或者像作者一樣，使用一個標準型態為底模，然後依照每一個人的需要而加以修正。日本現在更有一些醫師，利用X光攝影及電腦的繪圖，來算出怎麼樣的鼻模型最適合於那一個人，然後再用這個個案資料來修正彫刻出那一個人特別需要的模型。無論用那一種方法來做模型，我們常常會發現到，其實，每一個人所需要鼻子模型都差不多一樣的型式，大同小異，每一個人都有一些微小的差別。

在鼻模型當中，普通可以簡單分為兩大類，一種是「一」字型的鼻模型，另一種是「丁」字型的鼻模型。「一」字型的模型比較容易裝，副作用比較少。不過裝出來的鼻子，常常有失去鼻尖的感覺，因為鼻尖部會慢慢的往上移，而使人覺得缺少鼻尖的樣子。

至於「丁」字型呢！這種上述的缺點就比較不容易發生，不過要把這種鼻模型裝入就比較困難，而且以後侵濕跑出的機會也比較多了一些。所以各有利弊，讀者可以任擇其一，不過就是要明瞭其特性。就是鼻子的模型也有透明與不透明兩種。最近醫生們漸漸的傾向選擇不透明型的一種，因為這一種不會使鼻子在太強烈的燈光或陽光下產生透明透光的現象。

在隆鼻之前，醫生會先詳細的跟你檢查及量度，然後才能夠選擇一個適合你的鼻模型為你隆鼻。在開刀當天，醫生會為你打些鎮靜藥，然後在將要開刀的鼻子附近打上局部麻醉藥。大部分的隆鼻手術都是使用局部麻醉的。不過少數醫生是希望在全身麻醉下進行的，這完全憑醫生個人的習慣以及病人本身緊張與否來決定的。

至於開刀部位可以分為三個地方，每一個醫生依照他個人的習慣，可以由這三個不同的部位開刀進入，然後把這個已經預選好而且已經消毒好的鼻子模型放入，來完成隆鼻的手術

。這三個部位就是，

第一：鼻孔，普通只須要打開一邊的鼻孔就可以施行了。由這裡進去的好處是容易，而且手術後效果也很好，並且不會留下顯目的疤痕。

第二個部位就是鼻子的底部。由鼻子的底部，在皮膚上做一個「W」型的切口，然後把鼻子翻起來，小心的將鼻子的組織分離，把做好的鼻子模型放上，然後再重新縫好。用這種方法來隆鼻，需要花費比較多一點的時間，出多一點的血，不過可以很準確把鼻子的模型放得很正確。可是使用這種方法之後，鼻子的前頭都留下一個「W」字形的疤痕，這個疤痕往往會一直存留到六個月之後，這是一個作者本人不大喜歡使用這種開刀方法的原因。

第三個部位是從上唇裡面切開，然後分開皮下組織一直深入到鼻子的部分。使用這種方法的醫師並不太多，因為從嘴巴裡進去是比較容易發炎，而且並不節省什麼時間，也不使整個手術簡單化。所以目前最常使用的兩種開刀方法就是上面所述的第一種與第二種方法。

當醫生開了一個切口之後，他必須把皮下組織與鼻骨分離，有時病人的鼻骨上有一些凸出的鼻肚，如果是這種情形的話，那麼這個時候醫生會用銼子把這些凸起的鼻骨銼平，然後才安裝上已經做好了的鼻模型。普通整個過程大概需時一個半小時。

開完刀之後，醫生會用一些繃帶來隱定這鼻子，這主要是用來防止太多的皮下出血以及幫忙固定模型的，使裝入的模型不隨便移動而變形。

隆鼻手術，並不會有太多出血的情形。

如果你的開口是從鼻子底部切口進入的，那麼醫師還須要替你拆線，從其他部分進入的手術，普通醫師都是使用一種自己會溶解的線，利用這種縫線是不需要拆線的。

鼻子的手術之後，普通都會在鼻子的附近以及鼻子本身腫脹一個星期左右。鼻子腫起來的時候，當然效果是看不清楚的。每一個人必須等上一、兩個星期之後，才能夠知道大概的外形是怎麼樣，合不合你的意思。

剛剛開完刀之後的三、四個星期，最好不要在隆鼻的地方移動得太厲害。這個時候，放在鼻子裡面的義鼻是很容易被移動的，在這段時期，如果你隨便動它，這將增大你以後鼻子放得不正或位置不對的現象。就是幾個月或幾年之後，你還是不要太大力的去動它，因為這義鼻就像固定型的假牙一樣，你常常動它，或是動得太用力了，它還是會移動位置的。而且如果你裝進去的是一個用矽膠的義鼻。

那麼，因為那個矽膠鼻子對你身體說是一種異外物體，你的身體對它排斥的機會本來就高達百分之五，如果再加上你時時去移動它，那麼它會被擠出來的機會便增高得更大了。

談到這個義鼻子，目前最多使用的是用矽膠做的，也有人使用碼的製品，這些東西，都是合成的化學品，對我們身體上來講，都是異外物質，我們身體對它都可能發生排斥作用的，當排斥作用一旦發生時，在隆鼻的地方便會開始紅腫起來，然後會發膿……等等。如果這些情形發生了，你應該馬上找醫師替你把義鼻子拿出來，否則你會繼續發膿，繼續紅腫，而演成更嚴重的後果。

這些排斥現象最可能發生在第一年之內，不過有人發生在十幾年後呢。

因為這種不愉快的排斥現象，有些醫師便想辦法找一些其他的替代東西。有人使用一根人骨頭，經過X光處理之後用來雕刻為義鼻，有的人利用病人自己的一塊肋骨或腰骨來雕刻，不過因為骨頭是很硬的東西，雕刻起來並不會像矽膠那麼容易，所以效果不會怎麼理想。還有一些醫生使用病人的耳骨來做義鼻，耳朵的軟骨已經定形了，所以要做義鼻的時候，醫生也只好用縫線包紮起來而已。

這種用耳骨來做義鼻子的效果也是不太好的。不過，如果某一位病人，已經對矽膠義鼻起反應了。那個時候，也只好用耳骨來做隆鼻手術了。使用耳朵軟骨來做隆鼻術時，普通還須要在一邊或兩邊的耳朵後面做切口，把皮膚與耳骨剝離，然後切出片條狀的耳骨。切出的耳骨還要經過修整，有時還須要結紮成條狀，以此放入鼻樑部位，用以做隆鼻之用。

普通這一隆鼻手術須時兩、三個小時，開刀之後，有兩、三個開刀傷口，所以我說，普通是在不得已的情況下，才選擇這個方法的。開刀之後，疼痛也應當比較多一點，恢復期間也比較長，發炎的或然率比普通隆鼻術的或然率為高。

不過，最重要的一點是以此種方式來隆鼻，發生排斥現象的機會很微小，這主要是因為根本沒有使用什麼自身體外異物的緣故。

隆鼻之後，你的鼻樑部分，一定會暫時一段時間覺得麻麻木木的感覺，這是很正常的，兩、三個月之後，感覺一定會慢慢回復過來的。

如果有人以前已經有一些鼻子的外傷了，在隆鼻之前最好請醫師檢查一下，如果你的鼻子已經因為外傷的原因，在鼻樑及鼻中隔部分都已經歪了，那麼醫師可以在替你隆鼻的同時把鼻子校正。不過，經過鼻中隔的手術之後，普通腫脹及鬱血的程度是會增加的；術後發生出血的現象也會因此而增加，這一點受術者是必須明瞭的。

七、鼻底部的美容問題

東方人的鼻子，除了平平凹凹之外，在鼻根部常常會看到太寬、太低的情況。所以，東方人除了隆鼻之外，鼻根部的美容外科手術也是很需要的。而且鼻底部鼻根處地方的美容手術，並不須要像隆鼻那樣子，放上體外的異物，所以，更不必憂愁會發生像隆鼻一樣的一些異體排斥現象。

鼻底部這個地方，修改的面積很小，可是效果很好。所以醫生小心的手術，仔細的衡量，精細優良的技術等等，都是產生良好術後效果的重要因素了。

在這個部份的鼻子，其實包含鼻尖、鼻翼、鼻中隔、鼻孔以及鼻底盤這五個部分。我們如果要談鼻底部的美容問題，那麼我們就應該就這五個部分，分別一一詳細的分析討論一下。

首先我們講一講鼻尖的部分。鼻尖可能太大或太小、太粗或太細、太蹺或太勾或太外翻等等情形。這幾種情形，到目前為止，都可以使用美容外科的方法來改進的。譬如說，如果鼻尖太大了，醫生可以把多餘的部分削尖一點，如果太外翻了，醫生可以在鼻底以及中隔部分做一些手術，這樣子便可以把鼻尖的外翻問題改正過來。普通鼻尖部分的手術是從鼻孔的地方進入，然後醫師會使用他們的藝術眼光，小小心心的把多餘的鼻尖修改及整型，鼻尖如果太低或是太小時，有時醫生還須要在鼻子，或耳朵的部分拿一塊軟骨來裝上去墊高，或者使用一小片的固態矽膠來裝上，或者是打入蛋白纖維膠，或是打入液態的矽膠，或自己本身的脂肪等等。用這種方法，小的鼻尖才會變大。至於鼻尖的外翻或是內傾的問題，主要是在鼻中隔的地方開刀才能夠矯正這問題了。鼻尖開刀之後，普通醫生都喜歡用一塊石膏或者相似原料的物質來做固定之用，缺少這些固定，往往比較容易變形。

其次就是鼻翼部分的問題。鼻翼可能長得太大或太寬了，可能長得外形不好看了等等。如果你的鼻翼的部分有這些毛病的話，那麼最好的方法就是美容外科手術了。大部分的外科專家們，喜歡由鼻孔內切開進去做鼻翼部的修改手術，不過也有一些醫師是喜歡直接從外面切口進入的。如果由鼻子的外面做切口時，普通都會在鼻翼的外周做切口，由那個地方直接進入把鼻翼做修改；把多餘的清除掉便是。可是由外面皮膚上切口進入鼻子裡面做開刀，也不是沒有問題的。主要的問題，是因為皮膚會產生疤痕，這個疤痕會保留五至六個月之久。

在這個等待的時期，病人們應該使用化粧的方法來掩蓋這些疤痕。幾個月之後，疤痕便會慢慢消失掉的，最主要是因為疤痕的顏色會慢慢變淺的緣故。如果你不希望開刀口放在皮膚上面，那麼就請醫生從鼻孔內進入開刀了。

由鼻孔裡面進入的開刀方法，也是作者本人比較喜歡的一個方法，只是因為不是直接切入方式，術後發現效果不完全的機會比較大一點而已。如果多花一點時間，開刀時小心度量，小心比較兩邊鼻翼的大小，應該就不會有問題的。鼻翼開刀之後，局部腫脹的時間與鼻尖開刀之後的腫脹時間差不多，雖然腫脹的情形也是因人而異的，不過依照作者的經驗，開刀後腫脹的時間大約七天至十天，而且腫脹的程度也不會像隆鼻那麼厲害。

鼻中隔的部分，很多人都認為應該不會有什麼問題！因為只是這麼一小部分，有什麼問題也應該不會看得很明顯的，其實不然。這個小小的鼻中隔裡面有軟骨，而這軟骨又休息在鼻尖骨頭的上面。如果這鼻中隔太低了，那麼鼻子就會變成太低、太凹；如果這鼻中隔太高了，那麼鼻子就太挺，有時甚至於會有鼻孔朝天的樣子，不雅觀。

所以一個人，如果有朝天鼻，或者有凹下的鼻子，那麼美容外科醫師便會告訴你說，這是因為鼻中隔長得不正的關係，所以要校正這種鼻子的問題，唯一的方法就是校正鼻中隔。

至於鼻中隔的開刀方法呢，醫師必須在鼻中隔的兩邊各切開一條線，鼻中隔的軟骨必須與鼻骨分離，為了改變鼻形，中隔的軟體必須切去一小部分，一些中隔部分的黏膜組織也要清除及整形，然後中隔部分再用針線縫上。開刀時間大約一個半小時，術前，術中及術後並不會有太大疼痛，加上腫脹也不太厲害，真是一個可以信任的鼻型改變手術。

接著我們要談的就是鼻孔的美容了。鼻孔普通最標準的是向外斜的斜邊三角型。鼻孔變型的原因分為兩種，一種是先天性的變型，與生俱來就有的變型，另外一種是後天性的變型，出生之後因為外傷或者是開刀之後而變型的。鼻孔的形狀，可以變成圓型、橢圓型、扁平型或甚至於朝天型種種；這些種變形，當然唯有美容外科開刀才能夠改正過來的。醫生可能會在鼻孔的或者是邊緣部做一些切口，然後小心的用極細微針線縫起來。鼻孔的開刀，所切除的組織只有一點點，就可以使鼻孔的形狀改變得很多，所以最重要的是要相信你醫生的能力與決定，常常有些病人看到醫生只切了那麼一點點組織，覺得不夠，而一直鼓舞醫生切大一點，而致使矯往過正，而致成問題，這是一點必須注意的事情。

鼻子的最後一個部位就是鼻底盤部。鼻子底部的問題可以造成鼻子太大太寬或是鼻子太高太小的問題。東方人鼻子的問題，大部份是太寬太大太矮了。對這個問題，醫生是可以在鼻子底盤部切除一小塊組織，再縫起來之後，鼻子就變成小一點高一點了。這種開刀也是一種十分精細的，切除的組織雖然只有一小片，不過鼻子大小就差了很多，所以在術前就應該跟醫生好好的商量商量小心量度，否則弄巧成拙，就更不好看了。

所以，鼻子底部的問題，其實也就是這些上述的五個不同地方的問題。每一個地方有問題，都可以用美容外科的方法來處理的。

讀者如果有這些鼻子的問題的話：首先找到你所希望的美容外科醫師，請他好好為你檢查清楚。其次請他為你解說怎麼樣的開刀方法最為適合你的情形，進而你應該查問醫生，開刀的情形大概怎麼樣？有沒有什麼副作用？開刀之後會不會腫？腫得多厲害？會腫多久？你需要請假請多久？這些問題都是很重要的，因為有了對這些問題的答案之後，你才能夠進一步安排你的工作時間表以及安排好休息的時間表。否則，如果休息不夠，術後身體恢復的時間不足，當然效果就不會太理想了。

鼻子底部附近的開刀切口部分，往往在術後都會有一條小小的紅色疤痕。這疤痕是會慢慢褪色而回復到原來皮膚的顏色的。開刀之後，如果小心的保養皮膚，那麼疤痕也就不會長的太明顯，這對術後的效果，也當然是有幫忙的。

八、鼻子美容開刀時應注意的事項

鼻子的美容開刀是越來越多了。以上幾篇文章曾經討論到東方人最流行的是以一塊義鼻來作隆鼻開刀，其效果十分有效，雖然歐美人士不太同意這種手術，不過因為他們沒有像東方人鼻子的問題，而且東方人的鼻子，卻是很有效的可以用這種特殊的隆鼻法來改正，反而比使用歐美人士所提倡的隆鼻法來得容易而且有效。

另外東方人也有許多人的鼻子須要做局部的美容開刀，來改變他們鼻尖、鼻底部、鼻孔及鼻中隔等處的形像。如果讀者是一位將要接受或者考慮接受鼻部美容手術的人，那麽本篇文章可能對你有些幫忙。作者將分成術前、術中及術後三個階段，來向你介紹如何注意、如何準備的一切詳細事情。

＊第一階段：手術前應該注意的事項

如果你是要準備做隆鼻手術，那麽你應該知道，醫生到底是要替你裝入什麽樣的東西？現在大部分裝入的是矽膠模義鼻，當然也有別的產品，譬如骨頭或者是耳朵軟骨等等。普通這都是有了特別的原因，醫生才會考慮這樣做的。

如果醫生提出了這些東西給你選擇的話，那麼就應該請問你的醫生每一種不同東西的好處與壞處，以及他們的副作用等等。你必須明瞭，如果裝入一個矽膠模作義鼻的話，那麼你的義鼻就有百分之五的機會產生排斥作用，這種排斥作用可能發生在開刀之後的兩個星期後，也可能發生在十年、二十年後。而且排斥作用的機會是因為你做隆鼻的次數直線增加的，如果你一直更改你的義鼻的話。

換句話說，一個病人，在第一次隆鼻時，他發生排斥作用的機率是百分之五，如果這個人再做一次隆鼻術，譬如換上一個新形式，或改變鼻子的高度等等，那麼你第二次做了之後，這個義鼻子發生排斥作用的或然率將會增高到百分之十，這同一個人如果第三次隆鼻，那麼他排斥的或然率將會增到百分之二十。就這樣子，或然率會直線升高。所以，矽膠的義鼻子雖然好，不過你最好不要常常換，常常改。

另外，矽膠模有很多種形式，普通醫生會依照他們的經驗來選擇他們認為最適合你的模型，而且每個人依據他們本來鼻子構造的不同，都需要在裝入之前加以一些矯正修改的。矽膠製的義鼻子，現在有透明的以及不透明的兩種。如果使用很高的透明的義鼻子，有時在強光之下，隆鼻的部分會變成透光的樣子，所以一些病人不希望這種現象的發生。如果你也是這種病人的話，記得告訴醫生，你希望裝上的是不透明的一種。

如果你的醫生是想使用你自己的骨頭或耳朵軟骨的話，那麼他通常會預先告訴你的。骨頭普通是從肋骨或者是腰骨取出。取出了之後，醫生會把骨頭磨成一根條狀的模型然後裝到你的鼻子上。在取出骨頭的地方，比較容易流血，醫生會教你如何換藥布的。如果你的醫生是準備取出你的耳朵軟骨的話，那麼他們會從你一邊或者兩邊的耳朵後面切開，取出一條片狀的軟骨，然後用這條軟骨來包紮成條狀的義鼻模型。

你在術前，就應該明瞭，用骨頭或者軟骨來做隆鼻，雖然它發生異體排斥的機會較少，不過它不能夠像矽膠模型那麼容易的刻成你個人真正最需要的那種模型；所以，做出來的鼻子，比較不可能做得像使用矽膠的那麼微妙微俏了。

還有一些醫生是使用其他人的骨頭，這種骨頭已經經過X光及藥水處理過了。不過使用這種骨頭也應該有產生排斥作用的可能性的。目前應用這種方法的醫生很少，作者本身沒有這種經驗，所以也沒有什麼有關這方面的資料可以告訴大家了。

做隆鼻手術普通醫生都要受術者吃一個禮拜的抗生素以防發炎。如果你的醫生是準備從嘴巴裡面開刀的話，那麽你還應該做一些口腔清潔的準備，否則比較會發生發炎現象。

你也應該查問醫生清楚，明瞭到底他是要從什麽地方開刀進去的。如果他是從鼻子底部皮膚的地方開進去的話，那麽你應該知道，開刀之後，鼻子底部的地方是會有一個小小疤痕的。如果醫生準備從嘴巴裡面進去的話，那麽開刀之後有幾天的時間，你是不可能吃固態食物的，因為固態食物不容易咀嚼，而且也比較可能往傷口裡面跑而產生發炎現象。如果你有感冒咳嗽，或是臉部皮膚生瘡的情形，最好告訴你的醫師，把開刀時間暫時延擱，因為這些情形都會影響你開刀後的效果的，而且增加發炎的機會，千萬不要冒這種險。

不要選在月經來潮的時候開刀。如果你有吃阿斯匹靈的習慣，希望你能夠暫時停止使用它，因為這些情形都容易造成開刀中或開刀後出血太多的問題。

隆鼻之後，通常會腫一、兩個星期，而且起初的一、兩天，你不方便用鼻子呼吸，有時候開刀後，臉部也會發生鬱血的現象。所以至少安排一個星期的假，好好在家休息養病。

鼻子底部、鼻尖以及鼻翼部分的手術，是比較小一點的手術，不過還是會腫幾天，而且醫生還可能會在鼻子上面貼上膠布來做固定作用的。所以幾天的請假是必須的。

開刀前一天開始，你應該好好的睡一覺，使你的精神飽滿。上開刀房之前，應該把臉洗好，洗清潔，因為開刀後有幾天的時間，你是不方便洗的。醫師吩咐你開刀前需要服用的藥物，你也應該按照時間服用。如果你平時天天需要使用的藥，或者你已經患有某些疾病，那麼你應該在開刀前與你的醫師好好的討論一下。有時這些藥物，或者這些特殊的病況，對你的開刀是有影響的。

＊第二階段：手術中應該注意的事項

開刀前的晚上，最好有充分的睡眠，這樣子才有充沛的精神來接受開刀。如果在你開刀前才患上傷風感冒的話，那麼最好打個電話給醫生，把開刀暫時取消，因為傷風感冒本來就不舒服了，加上鼻子開刀就更加不舒服，而且傷風感冒會使你的開刀增加許多麻煩的，一些術後的併發症或是問題，都會因此而發生，這是相當重要的一點，大家不可不知。

你的醫生可能要你吃一些抗生素及鎮靜劑一類的藥物，這時你便應該遵照他要你服用的指示規規矩矩的服用。另外，本來你平時就必須天天服用的藥物，除非他特別叮嚀，或者你是要使用全身麻醉的，否則都應該照常服用。作者的建議，是在術前，這些問題你就應該一一提出來問清楚，這是很重要的。不過，就如我以上提到的，大部分的藥物，醫師都希望你照常服用的，除非你是預備施行全身麻醉才不可這麼做。

開刀當天，臉部應該特別清洗乾淨。最好不要在你的臉上做化粧，因為這些化粧，在開刀前還必須再清除一次的，可說是多此一舉了。

開刀時，最不舒服的事情，就是打局部麻醉藥的時候了。這手續前後大約兩、三分鐘的時間，醫師會在鼻子兩旁、鼻子裡面分別打入麻醉藥，麻醉藥剛剛進入體內的時候，你會有燒灼感，幾分鐘以後就沒有感覺了，所以，實在是不必怎麼害怕的。

醫生普通都會在局部麻醉藥裡面再加入一些止血劑，因為加上這些止血劑，使開刀變成很乾淨，不致四處流血，妨礙開刀時的視覺。不過這些加入的止血劑，常常會使病人覺得心跳加快及四肢顫抖的現象。

有些病人，當他們感覺顫抖及心跳加快時，以為他們發生過敏現象了而更加驚惶。這是每一個要接受局部麻醉的人應該明瞭的事情。如果你真的對這種感覺十分討厭；而且更進而因為這些感覺而發生其他病況，如心律不整或休克等等毛病時，你應該提早告訴你的醫師，他是可以用其他的辦法來替你解決這個問題的。

＊第三階段：手術後應該注意的事項

手術之後的當天晚天，你應該要好好的休息。有充分的休息，不但有益於傷口的復原，而且也可以防止併發症的產生。所以休息是很重要的。休息的時候，最好把頭抬高一點，這樣才不會腫的太厲害。

許多病人，都休息在沙發椅上或躺在兩、三個枕頭上面睡覺。在休息的時候，最好也放一些冷敷在傷口上，使用冷水或冰塊在傷口上面，只須要在開刀之後的頭三天做，術後的第四天開始，如果你的傷口還腫得厲害甚至於有皮下鬱血的話，那個時候就應該使用熱敷了。因為這時可利用熱敷來增進組織循環，進而幫忙消腫及清除鬱血的。

麻醉藥差不多在術後兩、三個小時之後就會慢慢退的。麻醉藥退了之後，開刀的地方應該會慢慢感覺到疼痛。疼痛的程度，各人感受不同。大部分的病人告訴我說疼痛是很輕微的，他們真正感覺到的，只是脹脹而已。當然，一小部分的病人，他們是感覺到傷口疼痛的，不過這種痛，可以使用我給他們的一些極為輕微的止痛藥來抑止住的。平均病人僅須使用五至六顆止痛藥就夠了。

這普通是在術後的最初四十八小時之內才須要的。超過四十八小時後，如果還繼續不斷疼痛的話，那時就必須請手術的醫師再一次詳細的替你檢查一下。因為有時一些初期的併發症會在這個時候出現的。所以，如果止痛劑沒有辦法替你阻止疼痛的話，那麼最好就請醫生再跟你檢查一下才是。

腫脹也是一個大家必須明瞭的問題。當然腫脹與否或是腫脹多久也是因人而異的。普通的情形，是隆鼻的人比只有鼻子底部美容的人，會腫得較厲害一點，而且也會腫得較久一點。隆鼻之後，平均腫脹的時間差不多一個禮拜至十天。腫脹的部位是在鼻子以及兩個眼睛底下最為明顯。就像上面提到的，如果把頭抬高一點，多休息一會兒，還有勤一點使用冷敷，那麼腫脹的機會就不會那麼久，那麼厲害了。

出血也是一個須要小心注意的事。普通鼻子底部的手術是比較不會出血的，隆鼻之後的出血機會也不會很多，只有鼻內中隔的開刀，或者鼻子是太大要美容變小的情形，才比較有機會發生出血現象。醫生普通在這種情形下，都會在鼻腔內塞入棉花，你應該遵照醫師的吩咐，不可以太早隨意把棉花拿出來，或者自己再塞棉花等等，這是萬萬不要這麼做的。另外，不要在月經來潮的時候，或是月經來的前後幾天開刀。

如果你常常吃阿斯匹靈的話，那麼更應該停藥一段時間，譬如說一、兩個星期左右，這樣子就不會引起太厲害的出血了。

發炎，也是一種需要考慮的問題。鼻子裡面，通常都會有一些細菌，所以在鼻子開刀時，要完全防止細菌的感染是比較困難。醫師普通會開八天至十天的抗生素，請你從開刀前一天開始吃，一直到吃完為止。如果這樣小心的話，那麼發炎的機會就不會太多了。

義鼻的排斥作用，也是讀者應該明瞭的一件事情。你如果有排斥現象的話，那麼就應該儘早把義鼻拿掉，否則等得越久就越不好，有時甚至於會造成鼻子的外面穿孔。如果你的鼻子開始穿孔了，那麼醫師還是要儘快的把義鼻拿出來，然後也儘快的使用強力抗生素才是。否則，等到義鼻在你的鼻子皮膚上穿了一個洞了，義鼻就會從那個洞掉出來的，而這個洞就很難修補回來了。

剛開刀之後，最好不要天天拿一個鏡子觀看術後的情形。你如果天天照鏡子，你會覺得消腫的速度不夠快，而且也常常因為太過分挑剔，找出什麼地方不平，那一邊太大了或太小了等等情形。

你必須知道開刀後，整個鼻子的組織完全消腫是需要至少兩、三個禮拜的，而且時常在恢復期間，兩邊的恢復情況及速度不同。如果你時時刻刻照鏡子，就是一個十分完整的鼻子，甚至於就是一個沒有美容過的鼻子，也會被你照出毛病來。

因為我們人體本來就不是完整的，世界上本來就沒有任何一個人，左右完完全全百分之百全部對稱的。所以，有耐心的等是很重要的。

開刀之後，常常會發現兩邊有點不對稱，或者鼻子的角度有點不理想的情形。這種種情形都是暫時性的，過一段時期之後，就會慢慢消腫，慢慢變成對稱與自然的。有些病人等不及，急著要醫師馬上做修改，或是急著把鼻子拿出來再換一個，這樣一來，反而會弄巧成拙，越弄越不好。而且隆鼻的次數一增加，排斥現象也就越會發生，那就更糟了。

開刀之後，鼻子裡面有時要塞入紗布或棉花，這些東西最多只放上一、兩天而已。時常鼻子上面也會裝了石膏以及貼上膠紙，這些東西當然都會不舒服而且不雅觀的。

雖然這樣，你還是不要去移動它，一定要遵照醫師的指示來做，醫師們一定有他們為什麼要這麼做的理由的。如果你不聽指示，隨便將這些東西太早就拿掉，有時常會發生一些不該有而且可以避免的併發症。

九、隆乳手術

隆乳手術已經是非常普遍流行了。歐美各國風靡了幾個世紀之後，日本人在近十幾年之中急起直追，現在就是日本人之外的東方人也是風起雲湧般的流行著這種時尚。不過，東方的女孩子，談起隆乳時，還是羞答答的。所有關於隆乳的知識，只是從報章雜誌、廣告上所得到片面的消息中獲取一、二而已。

所以，還有許多人對於隆乳是一知半解，甚至有些人，誤信廣告，對於隆乳手術是半信半疑。這樣的情況下，即使接受了手術，也比較不會有最佳的成效。

首先，讓我們先談一談，到底利用隆乳的手術來隆乳是對或不對？這有沒有違背自然？手術後，將來生兒育女時會不會受到影響？

從美的觀點而言，隆乳手術是絕對正確的。近二十年來，世界小姐沒有一個是平坦胸脯的。如果有一位小姐，因為她平坦的胸部，而產生了自卑、孤獨、畏懼外交的場合，以致進而失去勇於求上進的毅力的話，那就太不值得了。因為以目前這樣進步的醫術，只需要以很簡單的手術程序，即可替你解決發育上的遺憾，替你改進曲線，進而增進你的信心與毅力。隆乳手術對你將來身為人母時，哺乳育兒的功能又完全不會有什麼影響，那又何樂而不為呢？

再次，讓我們談一下，隆乳到底是怎麽一回事呢？

一個人想要達到隆乳的目的，最可靠的方法，莫非是以開刀手術，將一個矽膠囊，藉著腋下、乳暈旁邊或者乳房下面的一個小切開口，裝進到乳房組織的下面，來增高增大乳房的曲線美。至於利用其他的方法來隆乳，如物理療法、按摩、靜電刺激、真空吸引或者液態矽注入法等等，不是沒有效果，就是害處太大，根本沒有考慮的必要。

尤其是使用液態矽注射的方法，作者近年來就一直苦口婆心的勸告讀者們不可嘗試。因為這種方式的隆乳法是百分之百註定要有極怕人的副作用的。

矽膠注射進入乳房之後幾年，乳房不但會發生變形，而且還會長出許許多多的硬塊及瘤腫。這些硬塊與乳癌又幾乎完全相同，準會造成了醫師與病人的煩惱及恐怖。一些經過這種隆乳後的病人這樣的告訴我說：「自從液態矽注射隆乳之後，我就沒有一天真正的快樂過。」這實在是千真萬確的言詞。

裝入的矽膠囊，有很多不同的大小尺寸及不同的形狀。作者普通以東方人的眼光來幫忙病人選擇一套適等大小尺寸的圓形矽膠囊，而且建議他們使用粗糙面的義乳，雖然這一種義乳價值比較昂貴一點，不過比較可靠實用，發生副作用的機會也比較少，是最值得摧薦的。

至於隆乳手術的大概情形，我們可以在以下詳細的敍述。

隆乳手術其實就是在胸部與乳房組織之間，發展出一個空間，然後在這個空間裡面裝入義乳。為了發展出這個空間，全身麻醉是須要的，因為在病人全身麻醉下，比較容易達到十全十美的效果。不過，作者百分之二十的病人，仍然是使用局部麻醉來施行的。

醫師在手術前，會先在胸部衡量及設計出一個大概的藍圖，手術的時候，就參照這個藍圖來裝入義乳。術後病人最常告訴我的就是胸部會有重量感。其實這種感覺是一定會有的。就如同我們在嘴裡面裝上一對重量很輕的假牙一樣，我們也會被不自然、不舒服的感覺折磨了一、兩個禮拜呢？何況義乳一對起碼有一、兩磅重，在胸部上面突然增加了這麼重的壓力，當然會覺得難受了，不舒服及不自然的感覺，雖然在所難免，不過，一、兩個星期之後便會慢慢自然了。受術者應該要事先有了個心理準備，而且要有耐性才是。

開刀之後的最初二十四個小時，醫師常常希望在本來已經腫脹的乳房上面再加上壓力繃帶，用以防止過量的出血。在這段時期內，病人會更不好受，有的人甚至覺得呼吸不舒服的感覺，非要等到壓力繃帶除去之後，是不會覺得輕鬆舒服的。

作者也一再強調所有的病人，在術後的六個月內，一定要穿戴胸罩，而且不可使用帶有鋼線的乳罩，這些都是受術者必須明瞭的問題。

開刀之後的兩個星期，不可有太劇烈的運動。有一位病人，在術後的第三天就出去跳迪斯可舞（Disco），這實在太離譜了，除了徒增副作用之外，真是沒有什麼好處的。

普通，我希望我的病人，在術後一個星期後，便要開始做乳房按摩的運動，這個運動是應該繼續做的。對於這一點，你應該要請教你的醫師，因為每一位醫師，都有他們自己的原則。總之，你應該遵照醫師的囑咐來做你的術後保養。

至於可能發生的後遺症呢？不外是：

第一，術後出血，第二，術後發炎，第三，義乳硬化症。

為了避免出血的情形，我們常會請病人停服阿斯匹靈（ASPIRIN）達三、四個星期之久，而且也不在月經中或經期前後開刀。至於防止發炎一點，每位受術者必須從術前一天就開始使用抗生素，一直到術後十天才停止。另外在手術當中，醫師也會為你打消炎針，而且用極小心的方法行無菌手術操作。

為了防止義乳硬化的發生，作者目前都是使用比較昂貴的，粗燥面的一種義乳，而且叮嚀每個受術者，在術後每天應做乳房按摩。病人如果能夠遵照我的囑咐，硬化的機會確是減少許多的。

還有一點，作者時常被問及的是，隆乳之後，會不會增加乳癌的發生？這一點問題，到目前為止，我們的答案是「不會的」。由成千成萬的病例研究的結果，已經證實了隆乳手術並不會使病人增加罹患乳癌的機會。

有一點，作者覺得很重要而必須在此順便提出的就是，已經有過隆乳手術的讀者，今後如果遇到須要做乳房X光攝影的場合，請你們一定要在X光攝影之前告訴醫師，因為唯有如此，X光醫師才能夠避開義乳，從其他的角度，把整個乳房組織做完全性的放射線檢查，從而明瞭你整個乳房的情形。

讀者只要詳細閱讀以上所述的一些事項，對於隆乳手術，就儘可安心的去做了。

十、經過爭論之後，再談隆乳

最近一年來，在報章雜誌上，在電視及廣播上，常常被提起，而且也鬧得滿城風雨的一個美容外科上的問題，就是有關隆乳的問題。有一大段時間作者故意避開這個主題，最主要的原因，就是要等到美國食品藥物管理局做了最後一個決定了，然後才把最後決定的事情，提出來向讀者報告。

自從第十世紀的初期開始，男女平等權利的提倡，言論的自由，審美觀的開放以及人體曲線的標榜之後，就有許多專家想儘方法來使女性的乳房部分更隆起、更豐滿、更美麗。雖然加上墊子的乳罩同樣可以使乳房隆起、美麗，不過，這只能夠在穿上衣服的情況下才行得通，如果想穿暴露一點的衣服時，那就沒有辦法了。

一直到十八世紀時，醫生才發現矽這個東西很好用。矽膠的軟度剛剛跟真正的乳房的軟度與彈性同樣好，起初有些醫師直接把矽膠打到乳房底下，就可以使乳房變得很大、很好看了。以後，醫生發現這些打入體內的矽膠，使乳房發生發炎的現象，而且又會使乳房內長瘤，所以，後來就改成把這些膠態的矽裝在用矽做成的一個袋子裡面，然後才把這個袋子裝進乳房裡面。使用這種方法來做隆乳，效果實在好極了，所以隆乳的人越來越多，在美國目前差不多已經有三百多萬婦女裝有這樣的矽膠袋子，製造這種矽膠袋的廠商單單在美國就有六個之多，其他歐洲及日本還有一些廠商在製造這種義乳矽膠袋呢？

其實隆乳的方法有很多種，不只是利用矽膠袋來隆乳這一種而已，只是，利用矽袋裡面裝上矽膠來隆乳的方法最能被人接受，而最多人使用而已。

到底有那些方法，醫生們用來隆乳呢？隆乳的方法一共可以分為以下幾類：

第一種方法就是開刀整型法。使用這種方法的病人必須的條件是她的乳房組織本來就已經不少了，只不過下垂，或是長得不漂亮而已。這個時候，醫生可以用一種特別的整形方法，把乳房組織吊上而且重組，術後，乳房會變成比較美麗，比較隆起而且比較大。

不過，用這種方法的壞處就是，它會留下來很大的疤痕及不雅觀的開刀傷口，而且在傷口上也很容易產生所謂的疤痕瘤。想要使用這種方法來隆乳的人，她本身的乳房組織本來就需要很多，才能夠用這個方法做隆乳。

第二種方法的隆乳是一種十分複雜的組織整體移植法。這種隆乳手術，需要的時間很長，普通一個乳房便須要差不多三個半至四個半小時才能完成。這個方法，其實就是把大背肌或皮下組織，有時甚至於包括皮膚在內，一起移植到乳房的地方，使你整個的乳房變大。用這個方法，不但手術麻煩，副作用及併發症可能率大，而且完成之後，乳房形狀暫時一段時間（六個月至一年）不好看。

另外，手術之後，你身體上的其他某些部分，譬如說肩背部或前腹部會變成畸形以及功能不全的現象。開刀後的疤痕又很大，很難看而且又留了多處的傷痕，這實在是為什麼人們不用它的原因。由於開刀所需的時間長，而且兩邊一起做起來，由於血液循環被影響，反而會使失敗的可能性成倍的增加。所以用這種方法來做隆乳，最好一個一個做，一邊一邊來。很多醫生就把這方式的開刀，限制於單側乳房切除後的病人了。

第三種方法的隆乳術就是在乳房裡面注入一些塡加物的方法。最早期很多醫生使用液態矽注射進入乳房來隆乳，最主要是因為用液態矽的效果最好，比注入食鹽水，或者其他類似的藥水好，因為它保持得最長久而不消失。不過，後來發現液態矽都會使乳房產生發炎作用，會造成很多硬塊，所以美國已經在二十幾年前就不再使用這種方法了，不過，在亞洲以及一些開發中的國家中還不時看到有些醫生繼續為病人做矽膠注射的隆乳手術。

作者曾經為許許多多這樣的病人把硬塊及注入的矽膠取出，我本人覺得這種方法是行不得的，讀者如果有朋友還想做這類利用小針美容方法來隆乳的病人，千萬告訴他們做不得的，太可怕了，後患很多，而且最近也有一些學者覺得液態矽打進入乳房對自體免疫疾病，甚至於乳癌都有著直接的關係呢。

有一種可能會風行而且是行得通的方法，就是脂肪移植的方法。醫生可以在你的腹部或是大腿的地方抽除脂肪，然後把這些脂肪用生理食鹽水及氧氣處理。之後再把這些脂肪打入乳房裡面。因為脂肪是你自己的東西，所以不必害怕有什麼排斥作用或是發炎作用等等。

作者也曾經替病人做過數個這樣的手術，每個病人都很滿意她們的結果。可是這種注入脂肪來隆乳的方法，目前還不可做的，這種手術還是在研究階段。這種手術，就是作者本人也建議任何人還不要接受用這種方法來隆乳，其最主要的原因，讓作者再做如下的解釋吧。

醫生替你打進入乳房裡面的脂肪，無論如何，總是無法百分之百都復活，據報告，最多只有百分之六十五脂肪會生存，換句話說，百分之三十五的脂肪會消滅掉。百分之三十五的脂肪消失掉之後，不但使你很豐滿的乳房變小了，而且還會產生一個不可思議的問題。移植進入乳房裡面的脂肪，如果它們決定要消失掉，它們會先溶解成數種液狀有機物、水分以及很小部分的鈣質。這些水分及液態有機物都會從血管及淋巴系統中消失掉，唯獨這些小部分的鈣質，它們會就地變成一顆一顆很細小的有機鈣沈留在原來的地方，也就是原地不動的存留在乳房裡面。這些極微細的有機鈣，在乳房攝影的照片上，所表現出的影像就跟乳癌硬塊所留下的小鈣質影像一模一樣。

換句話說，做過脂肪移植的乳房，以後如果去做乳房攝影的話，醫生一定會告訴你：你的乳房可能長有癌症了，因為乳房裡面出現了只有乳癌才會有的那種鈣質沈澱的影像。

在目前的醫藥科學上，還沒有一種方法可以能夠很簡單的分別出這些小鈣質沈澱是因為癌症引起的，還是由脂肪移植所引起的。也就是因為這一個大原因，目前利用脂肪移植來做隆乳的方法還是不可以行。當然，打進入乳房內的脂肪，有時常會產生一個或兩個硬塊，這種硬塊是因為整塊脂肪壞死所引起的。不過，這並不是一個嚴重的問題，科學家們不會因為這個小問題來停止他們研究的熱心。只要有一天，小鈣質沈澱的問題解決了之後，那時，我相信利用脂肪移植來隆乳的方法，一定會風行。還有一些科學家，研究利用我們本身的軟骨或是骨頭，研磨之後做成膠質或半流質，來裝入乳房裡面，用這種方法來隆乳，都還只是在早期的研究階段，作者也無法為大家做怎麼樣的介紹了。

最後的一種方法，就是在乳房的裡面裝入一個物體，利用它墊在乳房下面，使乳房隆起、肥大及增加美麗。剛開始時，有些醫生使用固態矽模型，就像我們做隆鼻的手術那樣，做一個乳房的模型，把它放在乳房裡面，使乳房增加體積及美感。不過，後來發現利用這種方法隆乳之後，乳房的柔軟度及彈性度都不夠，不自然，不為病人所接受。後來就研究出目前最流行的這種利用矽袋來做隆乳的方法了。醫生們利用矽來做一個袋子，這個袋子可以製成許多不同的形狀及大小；把這個袋子的外膜做得很緊密，原因就是不要使裡面裝進去的東西漏出來的最緊密的矽袋。如果矽袋裡面存放空氣，這些空氣還是可以在幾個月內完全滲透出來，如果裡面放普通的水，這些水可能在幾年內完全滲透迨盡；如果裡面存放分子體積比較大一點的液體，譬如說生理食鹽水之類的東西，那麼這些液體在十年之內也會滲透一、兩百CC出來；如果裡面放進去矽膠，這些矽膠因為它們的分子體積很大，比較不容易滲透出來，不過還是會有五至十西西在十年或二十年之內通過這個矽袋膜滲透出來的，這就是今天大家一直在討論的所謂「矽膠漏出症」或是「矽袋出汗症」的現象了。

這當中，大家應該明瞭的就是裝在袋裡面的矽膠並沒有大家所認為的通通漏出來或跑出來的現象。只是差不多在一、二十年之內由於滲透作用而會通過這個矽袋膜跑出來五至十西西左右，當然這又跟矽袋的密度，裡面裝進去矽膠的分子體積以及矽袋裡面裝入的矽膠的壓力有密切的關係。如果你使用的是超薄型的矽袋，裡面裝的矽膠用的是最便宜的貨色，而且又裝的是超大型的義乳，那麼你的義乳內的矽膠就比較容易滲透出來了，不過最多也只是十年內滲出五至十西西左右而已。這當然不包括那些因為外傷而使矽袋穿洞的病例在內。

如果矽袋子因為受到了刀傷、槍傷或壓傷而破裂了，你不但可以知道乳房一直急速的變小，而且X光檢查也可以查覺出來的。只要你在三個月之內查覺出來，趕快把破了的矽袋取出來，應該不會有什麼問題的。所以，義乳裡面的矽膠會滲透出來的現象，是很久以前大家就知道了；而這滲透出來的現象又是微乎其微，一、二十年內僅消失了五西西至十西西，這是一個幾乎沒有什麼問題的問題。不過，這些滲透出來的矽膠被吸收進入人體裡面之後，幾千個人當中會有一個人發生關節炎，或者是自體免疫性的疾病等等，甚至還有人說，幾萬個人當中更會有一個人會因此而產生乳癌呢。其實，幾萬個人當中有一個人有乳癌是一個微乎其微的事情，從美國婦女的統計，每九個婦女當中，不論她有沒有隆乳就有一個在她的有生之年內會得到乳癌，這跟一萬個隆乳的人當中有一個可能會因而得到乳癌的比例互相比較一下，讀者大概就可以知道我為何說是微乎其微的原因了。

美國食品醫藥管理局，在過去二、三十年中，對矽膠袋的管理是採用放任政策，換句話說，管理局一直相信義乳的製造廠會自己做他們的產品品質調查及管理。想不到，當幾個婦女受害者患有關節炎或自體免疫疾病的隆乳者向管理局陳情時，管理局才發現這些義乳的製造廠商他們以往對矽膠袋是以對待商品的方式來管理，而不是以醫藥的方式來管理它，其實食品藥物管理局一直到受害者陳訴之前，也從來沒有要求廠商把矽膠袋當成藥品來管理的。

所以，一九九一年當受害人陳訴後，藥物管理局唯一的方法是求助於廠商，要求他們交出矽膠袋的藥物安全調查統計報告，而這些廠商，他們能夠交出的只是品質管理報告，而不是藥物安全報告。到最後的結論是，藥物管理局唯有把這種藥品暫時停止使用，然後請廠商在以後四、五年內交出他們對這種藥品的使用安全報告，等到那一天，報告上證明矽膠袋這種藥品是安全可靠的，那個時候我們才可以再合法的使用矽膠隆乳袋了。

在這以前，可以使用的人，只是那些同意接受研究的人以及癌症開刀了之後，不隆乳會對他們的生命意志有影響的人，藥物管理局才答應他們可以裝上矽膠袋。所以，問題的最大癥結就在於，以往隆乳用的矽膠袋，藥物管理局是當它為物品，現在由於有一些副作用的病例發生，所以突然改變作風而把它當成藥品來處理。

在美國這個國家裡面，一種藥品要能夠上市使用前，普通都必須先在動物的身上以及落後國家裡面實驗了五年至十年，然後把這些實驗報告呈上藥物管理局審核，俟六個月至兩年在藥管局審核通過了之後才可以把這種藥品推銷到市場上使用的。而矽膠袋在當初開始使用時，因為藥管理局沒有當它是藥品所以沒有經過這樣的程序，當然現在突然要廠商交出過去幾十年的實驗報告，廠商也是有困難的，所以才演變到今天這樣的情形。

醫生不但只使用矽膠裝在矽袋裡面，他們也曾經試用很多不同的東西裝進去，譬如空氣、蒸餾水、食鹽水以及動物膠等等，不過，使用結果是以矽膠最為理想。因為矽膠不但最柔軟，而且分子體積也最大，最不會滲透到外面來，不像空氣或者蒸餾水，一下子就滲透迨盡，滲透光了，當然隆乳的效果就消失了，那不是全功盡棄了嗎。而且，矽膠比較起來，也算是不太會產生異體排斥作用的一種東西，譬如說動物膠了，那就更不得了了，動物膠在很短的時間內馬上就會對全身體產生很厲害的異體反應，這種反應有時甚至於會危及生命的。

在裝入矽袋裡面的東西當中，除了矽膠之外，居其次的一種可用的東西就是食鹽水了。裝入食鹽水的隆乳矽袋，目前藥物管理局並沒有禁止使用，而且自從藥管局管制矽膠隆乳袋之後，醫生們只好使用食鹽水的矽袋了。據最近幾個月的統計，使用鹽水袋數目是在直線上升的。就如我在前面提示過的，食鹽水的分子體積也不小，而且醫生現在所使用的生理食鹽水，其比重與體液的比重相同，所以如果不要把生理食鹽水裝入過多，使它的內壓加得太大的話，一個食鹽水矽袋普通還可以維持五年至十年而不會有太大的體積改變，既使是變得太小了，醫生還是可以為你再重新裝入一個，而沒有什麼大礙。食鹽水經過幾年之後，從袋裡也是會慢慢滲透出來的，不過滲透出來的東西是與體液相似成份，相似比重的生理食鹽水，這對身體本身是無害的，這也就是為什麼我們還爭先使用食鹽水矽袋的原因了。

讀者有沒有覺查到，我們雖然改變了袋子裡面裝的東西，可是還是沒有改變這個袋子的本身啊。也就是說，隆乳袋子還是使用「矽」來製造的。到目前為止，還沒有人能夠發明一種可以取代矽的東西。前一陣子，有幾個廠商發明一種多元乙烯的化學成品，用它來做隆乳袋。結果這種多元乙烯（Polyethylene）被發現會產生一種致癌素（Carcinogen），去年已經被藥物管理局取締而禁止使用了。所以，現在唯一在市面上可以用的袋子只有一種質料，那就是用固態矽所做成的袋子。換句話說，藥物管理局雖然禁止在袋子內裝入膠狀的矽來隆乳，不過，他並沒有，也不能夠禁止用固體態的矽來做袋子，現在所謂的食鹽水隆乳袋，它的袋子也是用矽做成的，這一點，希望每一位想要隆乳的人，都應該明瞭。其實用矽來做隆乳袋好處是很多的，第一：它不太會產生異體排斥反應；第二：它可以做成很密的質料，這樣，滲透作用才不會太厲害；第三：它的彈性及韌性都很高，所以，不容易打破或裂開。

不過，因為它不是你自己本身的東西，所以，它還是會有異體反應的現象。從二十幾年前，醫生們已經發覺到使用光滑面的隆乳袋，術後變硬的或然率是百分之二十（五個人當中有一個）。這個現象醫學上叫做capsulation。以後又發現如果每一個受術者在術後每天做幾次很簡單的按摩，那麼發硬的機會會減少到百分之五，如果把這種同樣質料的隆乳袋從平滑面改成粗糙面的話，那麼發硬的或然率更會減少到百分之三。

所以，只要我們還使用矽袋的話，這種硬化的問題還是會存在的。很多人自從藥物管理局禁止使用矽膠製品之後，都誤解以為連矽質袋也被禁止了，其實不然。矽製的袋子還是目前醫生們覺得最好、最適合於隆乳用的袋子。在矽袋當中，以粗糙面的袋子最好；不過無論那一種袋子，都還是有機會發生硬化。為了防止硬化，你還應該要按摩；一旦硬化發生了你還是須要重新開刀，把硬化膜除去，重新裝上一個粗糙面的義乳。

由上述的幾種方法看來，利用裝入義乳來隆乳還是一種最合邏輯，最可行的方法。由於藥物管理局的規定所限，目前我們是建議使用食鹽水裝進粗糙面的隆乳袋最為適合。

接著，我們將要談一談，一個想要隆乳的女孩子，應該注意的所有事情。

首先你必須先瞭解一下，你到底需不需要隆乳。只要你的乳房長得不夠你所希望的標準，原則上都是可以考慮使用隆乳手術來改進的。不過，有些人她們的乳房已經不小，還硬要把它變成巨大型，這就不對了。乳房長得太大也不是一件可喜的事。乳房太大了，不但外觀不好看，本身也會覺得很不舒服，很大的壓力，而且也比較容易演變成乳房下垂症。

另外有一類的人，她們的問題是乳房太下垂了，這一類人，也不一定需要隆乳，只要把她們的乳房提升了一些，就能夠達到美好的效果。到底你的乳房需不需隆乳手術，一個美容外科醫生是能夠替你檢查，為你做最誠懇的答覆的。

至於，怎麼樣才能夠計算出來到底你需要裝入多大的義乳呢？每個醫生都有他們特殊的方法。作者所採用的方法是全美隆乳美容外科學會介紹的一種方法。每一位接受隆乳的人，必須先行選出她們在隆乳之後所希望戴上的乳罩大小，這也就是說，她們必須在內心裡面先有一個底稿，希望她們乳房要變成多大、多挺。她們可以利用衛生紙、棉衣、或絲襪等等柔軟的東西塞起來，幫助她們選出一件她們最滿意大小的乳罩。

第二步驟就是讓受術者戴上這個乳罩，然後以不同大小的水袋來充滿這個乳罩，當你找到最能夠剛剛好塞滿這個乳罩的水袋時，你就知道，到底需要多少西西的乳袋。大部分的人，都不瞭解這個原理，而一味回答說，請醫生把我們乳房做成三十六吋，或三十八吋……等等，這不但會給醫生帶來難題，其實就是你自己也真正不知道到底在講什麼東西。東方人有一個不對的習慣，那就是用胸圍的寬度多少吋來表示一個女人乳房的大小，譬如說瑪麗蓮夢露的乳房是三十八吋，碧姬芭度乳房是四十吋……等等，其實這是錯誤的。一個女孩子只要她們身材很胖，她的胸圍也會隨著增加，她的胸圍可能增加到四十二吋，不過，她的乳房是不一定會很大、很豐滿的。所以，乳房的大小應該以罩杯的大小來算，有A、AA、B、BB、C、CC、D及DD等等不同的罩杯，英吋只是用來量胸圍多大而已，當然乳房增大了，胸圍也會隨著增加一些；但是最重要，最準確的量法還是使用罩杯大小才是。

利用開刀來將義乳裝入胸部裡面，一共有三種不同的部位可以做。

第一個部位就是沿著乳暈的部份。乳暈部分的皮膚本來就是皺皺的，由這裡開刀，以後復原之後普通都不怎麼會產生太顯眼、太難看的疤痕。

第二個部位是在乳房的下方，由這個地方最容易進入乳房下面，所以，最能夠使隆乳的手續簡化一點。不過，因為這正處於乳罩的周圍，有時穿乳罩時會直接壓迫到這裡的傷口而使它發生疼痛，而且當你穿三點式的泳裝時，常常會將這一條開刀的傷痕暴露出來，所以並不是一個很理想的開刀部位。

第三種部位就是腋下，這個部位最能夠把開刀的傷痕隱藏起來。有一些美容外科的醫生，甚至於把這種方法稱做沒有看見傷痕的隆乳手術。以作者本人的意見，從腋下開刀是一個很好的方法，以後傷口不會太明顯，受術者都相當滿意。只是，因為傷口在腋下，所以開刀之後，每當你伸手時，會比較疼痛，而且傷口的復原期可能要比其他兩處多一、兩天。由腋下的部位進入的隆乳手術是比較困難，所以，你務必找一個真正對這方法熟悉的醫生來施行這手術才可以。由腋下開刀的方法，醫生也須要具備一套特別的手術儀器，否則一旦有什麼出血情形時，就比較困難應付。每一個人，在會診時，就應該好好的跟醫生討論一下。請醫生詳細跟你解釋，三種不同地方的情形，然後再考慮你自己的個別情況來做最後的決定。

依作者的病人統計，百分之五十的人希望用乳暈附近的傷口，百分之三十五使用腋下的部位，只有百分之十五使用乳房下方的開刀。如果你的乳房裡面本來就有問題，譬如以前有注射矽膠，或以前裝進去的義乳正在產生硬化……等等情形，醫生可能會考慮使用由乳房下方進入的方法，因為使用這種方法最能夠安全的完成手術的目的。如果一位小姐將來還希望養小孩子及哺乳育兒的話，那麼就應該考慮一下是不是用腋下的方法，因為如果從乳暈附近開刀，以後養孩子的時候比較會有乳頭及乳房腫脹、疼痛的現象。

所以，在還沒有開刀之前，你就應該找醫生面談一下，看看你是否考慮隆乳的手術，那一種方法對你最為適合，需要裝上多大的義乳……等等，這都是必須討論的事情。接下來的問題就是，你必須休息多久了。這個答案是每個人不同的。以作者本人的病人為例，有些人術後第三天就參加宴會及跳舞了，有的人在術後第十天還覺得不舒服呢。普通，隆乳的手術，傷口的疼痛大約三天至五天，不過在你的胸部上，你會不時的覺得壓迫感。這跟裝上假牙是一樣的原理。當你的胸部裡面裝上了一對二百幾十西西的義乳在裡面，你暫時會覺得有壓迫感的。這種壓迫感會因為時間的延長以及我們身體本能的適應性而慢慢消減掉，不過，有些人只需要幾天的時間，有些人卻需要幾個禮拜的時間，它完全因各人適應能力不同而異。

我普通都告訴病人在術後請假十天至兩個星期。在這期間，如果覺得你的情形是沒有問題了，你的提早上班，當然更會受到你的僱主的歡迎了。

接下來，讓我們討論一下，隆乳手術，到底會發生怎麼樣的併發症或者副作用的問題。隆乳手術所發生的併發症大概可以歸類為以下幾項問題。

＊第一項：由手術本身所發生的併發症。譬如：發炎、出血、鬱血、疤痕的發生，乳房畸型、暫時性乳房局部痲木症……等等，這都是因為手術而可能發生的併發症。

首先討論有關隆乳後發炎的問題。這是一個很少見的問題。隆乳後發炎的機會是百分之一至二百分之一的機會。如果發生了發炎的現象，那麼最好就早些把義乳拿去，否則，可能會演變成血毒症、全身發炎及細菌中毒等種種可怕的情形。每一位將接受隆乳手術的病人，都應該要在術前注意你的身體有沒有發炎的問題，譬如，在腿上長一個膿瘡，你就不應該在這個時候隆乳，因為這樣子會增加傷口發炎的機會。

另外，手術前應該遵照醫師的指示，多洗幾次澡以及按時服用抗生素，這都是相當重要的事情。我通常都會指示病人在一天前就開始服用口服抗生素，這個抗生素一直要繼續到術後一個星期，而且，在開刀中，還會從點滴當中，給病人打入血管注射的抗生素消炎藥。利用這種方法，發炎的機會就會更加減少。

隆乳之後，發生出血的機會是百分之一，也就是一百個隆乳的病人當中有一個可能會發生術後出血的情況。最常見的出血是發生在剛剛開完刀之後的八個小時之內，第一天之後的出血機會應該就比較少了。手術之後，極少量的血水滲出是很常見的，不夠出血量超過一定的程度，醫生就應該會馬上做一些應做的措施。譬如說打針止血了，或是再開刀止血等等情形。如果出血太多時，常常需要把義乳重新拿出，止血之後，傷口再小心沖洗。然後才可將義乳再次放回去。如果一位有出血體質的病人，要接受開刀時，醫生必須先檢查她的血液，術前還須給她們一些特別的抗出血藥。手術當中，傷口也要經過特別小心的止血劑處理，如此，才可能防止出血的情形發生。

如果一位病人，她平時就在服用抗凝血劑或者阿斯匹靈等等可能幫助出血的藥物，這些藥物應該在術前兩個星期就要停掉，有時醫生還要替她做血液檢驗，證實沒有出血危險之後，手術才可以進行，否則不但徒勞無功，而且還增加手術的痲煩及影響開刀的成果。

至於手術之後皮下鬱血的情形是每一個人或多或少都會有的。如果你所希望裝進去的義乳是很大的話，那麽鬱血的面積也會相對的增加了一點。可是皮下鬱血普通在兩、三個星期之內是會消失的。我有幾位病人，她們都是以前曾經打過矽膠在乳內隆乳的，現在因為長瘤了，不得已必須把發炎的矽膠瘤拿出來，然後才裝入矽袋隆乳。

有些人矽膠瘤長到十分接近乳房的表面，對這些病人，手術之後的幾個月內，會在矽膠瘤拿出來的部分，一直保持鬱血的情況，這種情況通常會繼續延持幾個月甚至於一年的時間，然後才會慢慢的消失掉，這是比較特別的一種情形。

無論那一種開刀，開刀後的傷口總會留下疤痕的。這些疤痕，有的人會長得很明顯，有的人更會凸顯出來。本人的經驗，裝入義乳體積越大，疤痕變得很明顯的機會也會越大。如果隆乳手術是使用乳房下開口的方法，平均傷痕看得明顯、傷疤變大、變硬的機會是比較高一點。所以，每一個想要隆乳的人，如果想使用乳房下方開口的方法時，作者勸你好好考慮。如果切口線是開在腋下的，普通是比較少機會看得出來，因為傷口是藏在腋下。另外一種切開口在乳暈上面的也是很好的，復原了之後，很少機會可以看到傷口。

不過，東方人、黑人等等有色人種，百分之十五的機會，復原了之後，那個切口的線會變成白色。變成了白色之後，那麼開刀的線就反而會看得更明顯了，這一點大家都應該要明白的。不過，在乳暈的地方，如果切口線變成白色了是不大要緊的，現在紋身術那麼進步，這條白色的線是很容易利用刺青的方法，把它刺成跟周圍皮膚相同顏色的。另外還有一點就是，如果你以後還想生兒育女飼養小孩子時，可能你就暫時不考慮利用乳暈周圍的切線，因為這種傷口，以後生育兒女時總是較會腫脹難受的。

至於隆乳後乳房會不會變畸型的問題，這就需要仰賴每個醫生的特別技巧了。醫生往往在裝入義乳袋子之前必須在乳房底分離出一個空間來容納這個義乳袋，這時醫師就全需依照他們的技術及經驗來剝離一個大小、位置及美觀上都適中的一個空間出來。

這個空間如果不理想，以後義乳放進去之後就會畸形或是不好看。不過，這些情形以後都可以再開刀改正的，各位也不必以此引以為懼。

隆乳之後，普通在乳頭及乳暈附近都會有一段時期覺得痲木感，這種痲木感，尤其以在乳暈附近做切入線的隆乳病人最為顯著。這種痲木的感覺，普通在三個星期至三個月內就會慢慢回復過來。這是一件沒有什麼可怕的現象。

＊**第二項併發症，就是由矽袋所發生的**。無論你所用的是矽膠或是食鹽水，這些東西，還是一樣，都裝在矽袋子裡面。就因為這個矽袋子不是你自己本身的東西；所以，異體反應的現象可能會發生。由於這個現象而產生的併發症最常見，而且最被注意到的就是，隆乳外殼硬化及鈣化的症狀。隆乳之後，乳房可能會發硬的現象，是老早醫生們就知道的。不過，為什麼會變硬，如何來防止變硬，卻是每一個醫生都想要發現想要知道的謎底。義乳裝進去了，普通都會很美麗、很舒軟、很好受的。不過當它的外殼一變硬時，它的外形，它的難受一切都會變得很煩人。它會變成挺尖尖的，而且對你的胸部有壓痛感，這個義乳本身也會產

生了很惱人的觸痛感。有一些病人隆乳之後，在義乳裝入的空間裡面發炎了或是中等量以上的出血了，這些人一定比較容易產生硬化症，不過大部分乳殼硬化的病人，都是沒月出血或發炎過，所以真正發生硬化的原因，還是一個謎了。

醫生又發現，如果隆乳之後，你能夠遵照醫生的囑咐，做義乳按摩的話，那麼你義乳變硬的機會，會減少四倍以上，這是一個相當可喜的發現。五年前，醫生又發明一種表面粗糙的義乳矽袋，而且發現應用這種粗糙面矽袋的病人，發生硬化的機會比利用平面矽袋的人少了四倍。所以目前我們都使用粗糙面的義乳矽袋，而叮嚀所有病人，術後一定要按摩。經過這樣審愼的注意之後，乳殼硬化的現象，還是可能會發生的，不過比以往少多了。

乳殼如果開始發硬時，本身是最先知道的人。你不但感覺乳房比較硬一點，而且會發痛。在這個時候，如果發現的早，馬上去找醫生，醫生普通是可以不必開刀，只要加一個大的壓力，就能夠把這個硬化的外殼弄破了。只是乳殼破了，而義乳本身應該是毫無受損的。可是如果你發現得太遲了，那時唯一的辦法就只有再開刀一途了。醫生能夠把本來那一個矽袋放進去即可。目前的經驗，如果使用粗糙面義乳矽袋，不論裡面裝的是食鹽水或矽膠都一樣，如果病人又肯合作，勤於按摩，那麼發生硬化的機會是小於三十分之一的。

第三項的併發症就是純粹由於矽膠所引起的併發症。這種併發症只是裝有矽膠義乳的人才可能會發生的併發症。前面也曾經提起過，義乳的袋子就是做得再密封，還是一樣會發生滲透作用的。所以，在這個義乳裡面如果裝上兩百西西的食鹽水在內，經過五年至十年之後，這個袋裡面很可能只剩下一百西西左右的食鹽水，其餘的統統被滲透出來了。如果這袋子裡面裝的是矽膠的話，那麼在五年至十年之中，可能會有五西西的矽膠會從這個乳袋的膜中滲透出來。話又說回來，如果滲透出來的是生理食鹽水，那是完全沒關係的，它對身體無害。不過滲透出來的如果是矽膠的話，那就有問題了。在美國，一些矽膠的製造商及義乳的使用者，以往總是以為這一點點的矽膠，對人體應該不會有什麼大問題的。尤其在這世界上有人還拼命的使用矽膠直接打入乳房內，一次打進去一百五十西西甚至於二百五十西西的矽膠。而從這些人的經驗告訴我們，乳房長艮性硬塊、乳房發硬以及變型者是比比皆是，可是其他的不艮生理反應卻是微乎其微呢。

一直到最近，美國的醫藥食品管理局才做決心徹底調查矽膠在體內對人體的反應（實在是對美國人體的反應）。經過一年來資料的收集，藥管局發現，矽膠可能會使人體造成關節炎及自體免疫性的疾病，其發病率差不多數千分之一而已；甚至於萬分之一的機會可能還跟乳癌的發生有關。藥管局因為這些報告都只是調查的報告，而不是研究及實驗的報告，不是完全可靠。目前做過矽膠袋隆乳的人已經不下三百萬人，而且數目還正在天天急速增加中。在沒有其他好辦法可想的這個時候，藥管局唯有公佈暫停使用一策了。

在暫停使用的同時，藥管局一面促請醫藥研究者趕快做成完全的科學研究，一面呼籲全球婦女冷靜及小心，忍耐與合作。幾年後，藥管局可能會有更進一步的研究報告，屆時會做出更具體、更合理的決定。所以，矽膠實際上的壞處，它可能產生的併發症，我們只是膚淺的瞭解而已。目前大部分的美容外科醫師，只好配合藥管局的決策，儘可能不使用內裝矽膠的義乳袋，以免病人產生因為矽膠而發生的可能副作用。不過目前大家還是使用矽袋子，因為科學家無法找出一種比矽袋更好、更理想能夠用來人體做隆乳用的袋子。將來，可能有那麼一天，藥管局發現矽膠並不是那麼可怕的，那時矽膠隆乳袋可能會再次流行。

隆乳是一種很科學，而且效果又很好的手術。有些人純粹爲了美容，不過也有很多人是不得不做的，譬如乳癌開刀後的病人，或是先天性或後天性的乳房缺小症等，都須要隆乳手術來幫忙。作者利用十分客觀的眼光及分析，把所有已經知道或必須知道的知識，詳細向讀者介紹了。讀者們如果還有什麼隆乳的問題，作者還是十分樂意為你解答的。

十一、乳房下垂症的美容

乳房的形狀是會因為年齡的增加或者生兒育女的多少而改變的。最明顯的改變則莫過於乳房下垂了。乳房下垂症是一個十分惱人的問題，不但原來美麗的曲線消失了，而且使乳房變得畸型而醜惡。

對於乳房下垂症，一共有下列的四種糾正方法，這四種方法是針對四種不等程度的下垂而設的。

甲：對於最輕微的下垂，使用乳罩就可以校正的。在這個時期的婦女，就應該多加警惕，不要太過於自由放任，應該日夜使用乳罩。不用乳罩將會使乳房下垂症越趨嚴重的。

乙：對於中等程度的乳房下垂症，醫師能夠使用比較簡單的開刀方法，在乳暈周圍做一個圓型的切開口，用以提升乳房。開刀之後，乳暈周圍當然會有一個圓形的疤痕的，不過不會太明顯，而且乳罩戴上之後，就更不會顯目了。

丙：中等程度的乳房下垂症的婦女，如果還有乳房太小的毛病的話，以普通的隆乳手術方法，不但可以增大乳房，而且中等度的下垂症也是可以改進。換句話說，中等程度的下垂症，是可以使用隆乳術來校正的。

丁：厲害的乳房下垂症者，就一定要使用標準的乳房提升手術了。所謂「乳房提升手術」，就是將百分之六十的乳房的皮膚剝離，然後重新加以幾何原理的組合。開刀需時二至三個小時，開刀後每邊的乳房都會留下了一個船錨形狀的疤痕。這個疤痕雖然明顯，不過大部分都可以在乳罩的遮蓋之下，而且手術之後，乳房會變得挺挺玉立，問津者也就大有其人了。

談起乳房下垂的問題時，首先，你必須先請教醫師，你的下垂是怎麼樣的程度？那一種手術是醫師認為最好的，然後，再請醫師告訴你，開刀之後會有什麼樣的疤痕？多大？在什麼地方？你必須完全明瞭這些事情之後，然後好好的考慮了一個星期，才決定到底要不要接受這種手術。因為這種手術，不但為你帶來了美麗與快樂，同時還會留下一些疤痕。你必須能夠接受這些疤痕，才可以考慮乳房提升的手術。

至於開刀中，如何防止出血及發炎等等，也是與隆乳手術一樣的。術前術後不要服用阿斯匹靈（Aspirin）不要選在月經中做手術，保持身體清潔以及服用抗生素等等，都必須注意。

一個婦女，經過了標準乳房提升手術之後，最好不要給嬰兒喂乳了，因為皮膚已經經過了重新的組合，哺乳可能增加乳腺管阻塞以及發炎的情形。

乳房提升術之後，在乳暈的周圍，是會發生暫時性的痲木感的。普通，在六個月之內，全部的感覺是會回復過來的。

乳房下垂症，是一種能夠矯正的疾病。不過，術前就要明瞭所有手術的詳情，以及術後將會變成怎麼樣的情形，還有，可能會有怎麼樣的後遺症……等等。心理上先有充分的準備，然後才決定接受手術與否，這是作者一再對受術者的要求。接受這種手術的人，大有人在，因為患乳房下垂症的人很多，而且手術後是馬上可以看見功效的。

十二、乳房巨大症的美容

乳房這個器官，是大大的挺挺的最好看。問題最多出在太小了，或是下垂，這些問題，都可以用手術方法來矯正。可是，很少人知道，如果太大了，也是一個相當煩人的問題。

作者知道一位婦女病人，三十歲才出頭，患了乳房巨大症。在她沒有小孩子之前，她的乳房已經不小了，後來，生了小孩子之後，乳房一直增大，不見減小，她也就變成了行動不便而且又不能工作的殘廢婦女了。

她患上了嚴重的背痛症，因為背部肌肉，經年累月需要負荷極大重量的乳房。她不但起立走路有困難，就是坐下來也不容易，兩個大乳房，不曉得放在什麼地方，才能夠使她覺得舒服一點。服飾方面也是一個大問題，在家裡穿著汗衫還不要緊，要出外時，費儘了最大的努力，才勉強能夠把兩個大乳房擠進內衣裡面，可是不到一個小時，兩邊肩膀就變得疼痛無比，而且肩上的表皮馬上變紅、變黑而演變成局部皮膚炎的現象。

晚上睡覺也是一個大問題。她告訴我說，因為大乳房使她得了失眠症，我起初真不敢相信，當天晚上我睡覺的時候，自已慢慢的想，才恍然大悟，一個人有了這麼一對十幾磅重的乳房，她怎麼能夠睡覺呢?讀者試想一下，應該要使用那一種睡姿才能夠覺得舒服呢?而且乳房是連在胸部上面的，又不能暫時放在其他的地方，所以失眠是一定會發生的。

手術前身體檢查時，我發現這位病人的乳房，下垂到肚臍眼的底下，而且乳房下方，不時散出陣陣的惡臭，因為在那個地方的整片皮膚都發炎了，由於長期汗垢以及壓力的關係。這只是其中一位病人的情形，幾乎每一位患有巨乳症的病人，都有一段令人傷心的病情。所以，巨乳症是必須要使用手術的方法治療的。

至於開刀的方法，就是利用手術，拿去乳房組織的百分之六、七十，還要分離百分之六十的乳房皮膚，重新再組合，把剩餘的乳房組織提升起來，才能夠達到乳房減小及提升的目的。這種手術，普通都需要三至四個小時的開刀時間，平均能夠拿掉四至六磅的乳房組織。這是一種比較大一點的手術，出血也不少，除了必須使用全身麻醉之外，作者也建議病人最好在術後能夠在醫院住上一、兩天比較安全一點。

開刀了之後，乳房變得小了，而且也提升了，不過是一定會留下一些疤痕。這些疤痕的形狀是一個船錨的樣子，每邊乳房上面有一個，它是位於乳房的下半部分。乳暈周圍也有圓圈圈的痕跡。這些疤痕，在起初的六個月是比較明顯的，以後就會慢慢的褪色到與乳房皮膚相近的顏色。其實，這個疤痕也是大部分被蓋在乳罩裡面的，比起術前那種痛苦的情形，我還沒有機會看過病人抱怨著術後的疤痕的。

其他可能會發生的問題就是出血與發炎。出血是應該注意的一件事。因為切除的組織及血管很多，所以流血的機會是比較大的。每一個病人，術後都在每邊的乳房下留了一條輸導血水的管子，這些管子可以直接告訴醫生乳房裡面出血的情況，普通在第二天至第三天出血停止之後，就可以把這些管子拔掉。術後的頭幾天，醫生會在胸部綁上鬆緊綳帶，用以阻止出血之用。還有一些必須注意的事情，譬如禁服阿斯匹靈（Apirin），以及不要在月經期間開刀等等，也是應該考慮的。

至於發炎的機會是不會太多的。不過抗生素的使用，在這種手術上是必要的。主要是因為開刀時間長，體內組織暴露到細菌的機會增多的原故。

另外，乳房在手術後的幾個月內是會變形的。必須要經過三、四個月之後，才會變成漂亮的形狀，對這一點，每一位想要接受這一種手術的病人都是應該明瞭的。

開刀之後，大部分的乳房都會覺得痳痳的，這是因為極大部分的乳房組織都已經被開刀移動了。這種痲木的感覺，可能須要等了三至六個月之後才能回復。

有的醫師們，因為使用的方法不同，乳暈部分可能會發生局部或全部壞死及皮膚脫落。如果你的情形是這樣的話，也不必太灰心。因為乳暈部分是可以利用補皮或紋身的方法來重新再造的。

至於哺乳功能的問題，經過了這一種手術之後，哺乳是不必再談了。因為乳房組織的大部分被切除、分隔及重新再組合，哺乳的功能，將會受到極大的影響。你如果經過了這樣的手術，最好不要考慮給嬰兒哺乳了，因為不但功能不好，而且又容易發生發炎及膿腫等等的副作用。

以上，大概的敍述有關巨乳症的問題，希望對患有此疾者，有所幫忙。好在東方人有這毛病的人並不多，不過讀者就暫且當它是一個常識算了。

十三、漫談抽脂的問題(一)——腹部抽脂

十年前，從來就沒有一個人會想到今天，一個醫生可以用一根小小的鋼管子，伸進去病人的肚子裡面或是大腿裡面，把那裡的脂肪，一塊一塊的，就像變魔術那樣的抽出來。更不可思議的是，還可以進一步把這些脂肪洗一洗，重新注入病人的面部或是皮膚底下，用來填補臉部的缺陷或是拉平臉上的皺紋。這是多麼奇妙啊。

在近兩個世紀以來，人們的審美觀念，已經做了十分具體的改變了。過去的所謂「豐滿才是美」的想法，現在變成「擁腫及醜惡」的形像了。為了把肥腫的肚皮拉平，許多人情願冒著十分之一的生命危險去做拉肚皮的手術。台灣有某一位名女人，就是為了這一種大手術而犧牲掉她寶貴的生命。

也有人為了不使她的臀部下垂，為了使她們的腿部顯得更苗條，不惜花錢及冒險，讓醫師在他們的臀部或者腿部，切上一條或是幾條很長的傷口，來做拉皮手術。現在，這些手術都可以說，大部分是多餘的了，從七、八年前開始，醫師已經學會了抽脂肪的技巧，他們可

以從一個一公分大小的傷口進去，使用一根鋼管，把五、六磅重的脂肪，淸除出來。這種淸除式的抽脂方法，現在已經很廣泛的被使用了。在技術上來講，抽脂肪的手術是比脂肪切除術簡單多了，而且它的副作用、併發症等等也比較少。不過，也就因為比較簡單方便，所以很多病人甚至於很多醫生都不把抽脂肪當成一回事。大家這麼一粗心，問題就會發生了。所以作者，就覺得應該好好利用這個機會教育的方便，來向大家好好解釋一下有關脂肪抽除術的大概情形，希望利用這個機會使大家對抽脂手術有更進一步的瞭解，順便提出一些必須注意的事項，以防止一些不必要問題的發生。

醫師在為你做脂肪抽除術的時候，普通可以分為兩種不同的方式，一種叫做乾燥式抽脂，另一種叫做潮濕式的抽脂。所謂乾燥式的方法，就是不在脂肪內打進任何東西，就直接用抽管來抽脂。這個方法是發明者最元始的方法，最主要是義大利的外科鼻祖喬治博士的派系所流行的方法，他們認為使用這個方法，又簡單、又方便、又直接了當，是最方便了。

另外一種抽脂方法，是潮濕式的方法，這是法國專家佛尼葉博士發現的方法。所謂潮濕式的抽脂法，就是在抽脂之前，先利用生理食鹽水或是蒸餾水，大量的打入脂肪層，這些水份便會滲入脂肪的細胞內，使它膨脹、疏鬆，而有利於抽脂手術的順利進行。

美國醫師克葉博士，更進一步的在生理食鹽水裡加上痲醉藥及止血劑，經過這樣處理後的脂肪，不但比較容易大量的抽出，而且比較不會流血，並且術後也不會疼痛得太厲害。現在全世界上醫師們為病人抽脂肪時，百分之七十五的醫師是使用這種經過克葉博士修改過的潮濕式抽脂方法的。

作者的經驗，以及一連串美容外科專家們的研究報告指出，潮濕式抽脂的方法是比較優秀的，它比較不會造成出血或是皮下脂肪層不平的現象。

依本人意見來講，抽脂肪是應該使用潮濕式的方法來進行，所以，在本文裡討論有關抽脂肪的事，作者都一概以潮濕式抽脂的方法來解釋的。

在東方人來講，想要在肚子上抽脂肪的人最多，無論男的、女的都有。女孩子，有的人是太胖了，肚子太大，男朋友希望能將肚子變成小一點。這些女孩子們拼命的在節食及減肥上下功夫，不過效果不好，不是完全沒有把肚皮的脂肪減少掉，就是只減掉一點點，無濟於事。有些女孩子，是結婚了之後長胖了，或者是生了一、兩個小孩子之後，肚子大起來了，不好看。有些人減肥了之後，肚子是小了一點點，不過皺紋百出，妊娠紋出現得像章魚爪子那樣，十分不雅觀。

男孩子呢，大部分是與飲食或喝酒有些關係，肚子太大了，不但看起來沒有精神，而且也十分不好看。另外有些人，以往年輕時候是運動健將，現在運動一停下來，肚子就大起來了，這些人，雖然恢復運動，可以改進一些肚子上集存的脂肪，不過，想要改進百分之百到完全沒有肚子的程度，那是不可能的。

在七、八年前，想要把肚子裡這些脂肪拿掉，唯一的方法就是只有使用開刀的方式了。這種用開刀來把肚子裡面的脂肪除去的方法是一種大手術。醫師必須在下腹部開一條大約三十公分長的一條傷口，這傷口往往是從這一側的大腿開始，沿著鼠蹊部、下腹部一直延伸到另一側的大腿部為止。另一條切線就是從肚子的兩側橫切肚臍上面的一條大約二十五至三十分分的切線。經過這樣切了之後，整個下腹包括肚臍部以及皮下脂肪就必須完全除掉，這樣子做了之後，讀者們可以閉著眼睛構想一下，到底會有多大塊的組織被除去，多少血液會因此而流失呢?不但如此，因為包括的面積這麼大，所以因此而發炎的機會也不少，開刀之後的傷口也很大，以後好了之後的整個傷口也是不大雅觀的。

現在對這一種問題，我們大部分都利用抽脂肪的方式來代替了。只有少部分的一些人，腹部的脂肪太多了，或者腹部已經產生了所謂「脂肪圍兜」；這些人有時還是需要使用上面所提及的大手術來解決他們的問題。不過，有些醫師，包括作者在內，都漸漸的改用多次脂肪抽除，或是使用抽脂再加上很小量的皮膚去除術，就能夠達到相等的效果了。

腹部抽脂的手術，並不會太麻煩。抽脂之前，你應該給醫師檢查一下你的肚子的情形。你如果以前在肚皮上有開過刀，因為這個疤痕是與底下的肌肉及纖維層黏結在一起的，所以醫師及你自己都應該有一點點警惕，在疤痕附近的脂肪是比較不容易抽除，而且術後也比較有局部不平勻的現象的。

有的人在肚臍附近或是鼠蹊部分都長疝氣，這些人也應該預先告訴醫師一下，因為疝氣裡面可能有腸子在裡面，如果醫生沒有預先知道，而一直想儘辦法要把這塊像脂肪而其實是疝氣的東西去除的話，那麼後果不但不好，而且還有把腸子及肌肉弄傷的危險，這是一個不可不注意的事情。

有肺氣腫的病人，也應該告訴醫生一聲。在肺氣腫毛病正在發作的那段時期，最好不要考慮做任何抽脂手術，就是在沒有發作的時候，要施行腹部抽脂，也應該十分小心的。因為腹部抽脂了之後，醫師常會在腹部的地方，紮上很強很緊的束腹帶，這些束腹帶，對一個本來呼吸就不大容易的肺氣腫病人來講，就等於是在火上加油那樣，對他們呼吸上的阻礙是有不利影響的，而且抽脂之後在腹部上的疼痛，也常常會使病人無法做深呼吸。

醫生如果預先知道了些問題的話，他們可能會未雨綢繆，預先給予治療，就不會有什麼術後的問題了，有時在開刀前及開刀後，給病人一些呼吸治療，也是有效果的。

手術前的檢查，醫生大概可以告訴你，手術後大概會有怎麼樣的效果。以作者本人的經驗，因為我的開刀，絕大部分是在診所內做的，所以，我的病人一次抽出的脂肪不要超過兩千一百西西（大約五磅重）。因為如果抽得太多了，病人的健康情形會受影響，有時還須要輸血或給血清……等等。如果有一個病人，他的脂肪很多，超出我一次可以抽完的程度，為了他的安全，我會建議他，分成兩次來抽，這中間差不多要間隔兩個月至三個月，利用這個分期抽脂的方法，不但減輕了病人所有不應該發生的副作用，而且最終的效果會更好，這是應該明瞭的一件事。

女孩子們應該告訴醫師，你大概什麼時候月經會來潮，不要選在月經中或是月經的前後來做抽脂手術，因為這段時期比較容易出血。你平時經常服用的藥物，也應該告訴你的醫師，好讓他心裡有準備，而且也可以告訴你，是不是在開刀當天繼續服用你的藥物。如果你的皮膚或其他部分的器官有發炎的現象時，那麼，你最好不要考慮急著要開刀，因為有一個部位在發炎，很可能這發炎會傳播到抽脂的部位，而造成全身性甚至血液性的發炎現象，這是很危險的。曾經有一位病人，他是因為腎臟及膀胱發炎，公司叫他請假在家休息，這位病人要求我利用他請假的期間替他做腹部抽脂。當然，這個手術我是拒絕了。這種想法是太幼稚了，這是不對的。目前，我們都一概主張，從術前開始，就服用抗生素，這些抗生素要一直服用到開刀之後，這個目的，就是要預防發炎現象的發生。

為了抽除腹部地方的脂肪，普通醫師們會在下腹部的兩邊，或者在兩邊鼠蹊部的地方做兩個小切口的，有時，如果上腹部有很多脂肪的話，我們常須要在肚臍的地方，或者是腰部兩側，再多開一個切口。從這些小切口，穿入六厘米至一公分粗的不銹鋼製導管，醫師們就能夠從善自如的把腹部的脂肪抽除掉。

這些多餘的脂肪，都是存在皮下到肌肉中間的，所以，有些人常常問我，抽脂肪會不會影響或危害到腸子或內臟的部分，這個答案是不會的，除非如同我在本文前面部分提到的，如果你有長疝氣，你的腸子已經跑到皮下脂肪的部分了，而醫師在事前沒有發覺到，這時如果醫師往皮下脂肪的部分用力猛抽，這才有可能去傷害到內臟，不過，話說回來，這種情形很少有，而且一個優秀的醫生，在事前已經檢查一淸二楚，就不會有太大的煩惱了。

腹部的抽脂，可以用局部痲醉，也可以使用全身痲醉進行。如果要施行局部痲醉，普通必須使用極強烈的鎮靜劑，否則不如使用全身痲醉。作者本人覺得，以全身痲醉來進行腹部抽脂是比較適當的，因為全身痲醉，能夠使醫師比較從容，比較詳盡的把所有多餘的脂肪都抽除乾淨，否則，抽脂管一蹚到接近表皮或肌肉的部分，病人便會感覺到疼痛，開刀手續便不能夠完全隨著須要的情形進行，當然術後的效果便會因此而打了折扣。

腹部抽脂大約需要一個半小時的時間，平常醫生必須先將一至兩公升的食鹽水打入脂肪層內；等上一、二十分鐘之後，才可以開始抽脂的手術。至於使用多大的抽管來抽脂，則是隨著每一個醫師的經驗了。作者普通喜歡使用零點八公分的導管先抽第一次，然後第二次開始再使用小一點的導管，尤其在表皮層底下的脂肪，常常需要用小的導管來抽脂，這樣子比較不會造成術後凹凸不平的表面。我常常這樣子告訴我的病人說，在手術中我差不多只能拿掉百分之八十的脂肪。其他的百分之二十要留在那裡，否則可能會造成表面壞死的現象。普通在剛剛抽脂完後的情形下，你只能夠見到百分之五十的效果而已，為什麼呢？

因為抽脂的地方，已經打進去很大體積的食鹽水，而且又加上抽脂導管在皮下脂肪處移動，損傷局部的脂肪組織，這些受傷的脂肪組織暫時會膨脹、腫大，以後就會慢慢液化而消腫、消失掉。所以，我們常常對接受抽脂的病人說，剛抽脂完後，只能見到百分之五十的效果，真正的百分之百的效果，必須等到三至六個月之後才能看到，這是千真萬確的，希望每一位想接受抽脂的人，都必須有極大的耐性才是。

脂肪抽除之後，醫師必須要在肚子上綁上壓力的繃帶，或是束腹帶，或者貼上壓力的膠布，它的作用是加上繼續不段的壓力在脂肪抽出來的地方，利用這些壓力，不但能夠防止不須要的術後出血，而且抽脂之後的皮膚也比較容易變得平滑及漂亮一點。這些壓力繃帶是十分重要的。

作者一般都要求病人，在剛剛抽脂之後的頭兩個禮拜，壓力繃帶是時時刻刻要帶上的；開刀後的第三個禮拜到第六個禮拜，壓力繃帶至少一天要綁上十二個小時，這是一件很重要的事，每一個想要接受抽脂的人，一定要明瞭這是多麼重要的一件事。很多人在術前都覺得綁個繃帶不算怎麼一回事，不過到了手術之後，繃帶綁起來覺得壓力大，而且又麻煩，結果就敷衍了事，不遵照醫師的指示來綁壓力繃帶的人，術後的效果當然就比較差了。

腹部抽脂之後的那一個晚上，一定會有一些血水從傷口流出來，這是潮濕式抽脂方法的一個特色。流出來的血水雖然也是紅色的，不過這並不是純血液，這些水大部分都是術前打進去的食鹽水，有些病人，看到了流出那麼多紅色的血水，十分害怕，以為術後出血了，其實不然。作者建議醫師在術前一定會告訴你，大概會有多少血水會流出來，如果覺得流得比醫師告訴你的還多，或者，你還是不安心的話，那麼就請醫師替你再複診一下，以免擔心睡不著覺。還有，開刀後的一天，回去給醫師檢查及複診也是一個極重要的事情。

術後的兩個星期之內，下腹部及大腿的地方，包括陰部，都會有很厲害的皮下鬱血現象，這是因為一些血水沒有完全從傷口流出來，它們積存在上面所提及的這些地方，而造成了皮下鬱血的現象。這其實是一件不必擔心害怕的事情，不過術前醫師必須預先向病人解釋清楚，否則受術者一看到這種情形都會很害怕的。

差不多有三分之一的病人，在抽脂之後告訴我，他們還是有點怕。他們說，雖然醫師事前已經告訴他們會發生皮下鬱血現象，不過他們從來沒有想像到會那麼厲害。在那種情況下，我想最好的辦法，就是再次詳細跟受術的病人檢查一下，確實他們鬱血的情形是正常的，以及建議他們使用溫敷法來幫忙鬱血的溶散就可以了。

抽脂之後會不會痛？會痛多久？這些問題，真是因各人的情形不同而有異。作者本身的經驗，我有位護士小姐，在抽脂之後的第二天就回到工作崗位上了，有一位家庭主婦在抽脂後的第二天就去參加舞會。不過，我也有兩位病人在抽脂後的一個星期還不敢亂動，因為動了會痛。一般的情形說起來，開刀後的最初三天比較不舒服，而這些不舒服都可以使用中等強度的止痛藥來控制的。遵照醫師的指示綁緊壓力繃帶的人，痛的程度比較不厲害。如果你除了抽脂之外，還加上小拉皮的話，那麼你應該會比沒有拉皮的人多一點點痛。

醫師應該還會告訴你從術後的第三個禮拜開始，應該要開始做肚皮按摩以及仰臥起坐的運動，這也是很重要的一件事。抽脂之後，腹部的皮膚應該多少會有不平的現象，因為醫師是用圓形的管子進去抽脂的，而不是用刀片切除的。因為用圓形的管子去抽除，如果術後你的皮膚是很薄很平的話，那你反而應該擔心的，擔心醫師是不是把整個脂肪都除去了，整層皮下脂肪都被去除的話，那麼皮膚可能會變成沒有營養而壞死掉。

依作者本人的經驗，這些凹凸不平的現象，經過三、四個禮拜的按摩及運動，是會慢慢消失的。那個時候，你的肚子就會變得很平、很小，很漂亮了。

腹部的皮膚，經過了抽脂之後，應該會有一段時期，會覺得表面痲痲木木的，不過用力壓它，又反而會覺得疼痛難受。這是一定會有的事情。每一個接受過任何開刀的人，開刀之後一定都會有這樣的感覺，這種感覺普通在一、兩個月之後就會慢慢消失掉，有的病人甚至於根本就不會有這些問題，這真是太幸運了。

如果你的肚子實在是太大了，太多脂肪積存在你的肚皮內，那麼你可能須要兩次的抽脂，或者你必須要加上一個小拉皮的手術，醫師在你的下腹部切去一小塊皮膚及皮下脂肪，而且醫師還可以在下腹部利用很強力的針線，將你的收縮肌縫緊，經過這樣的小手術，你的腹部抽脂的效果，一定會增加很多，到底你是不是需要這種手術呢?只有醫生才能夠告訴你這個答案。所以，在術前請醫生會診時，你就應該好好的跟醫生談一談。如果你以前已經有一條橫的開刀疤痕在你的肚子上了，而且你的肚子確實是很大，那麼加上這個小拉皮的手術一定會使你更滿意的。

有一些人，在肚皮上長了許許多多的妊娠紋。這些妊娠紋是因為懷孕時或以前的劇胖情形，把肚皮的皮肉纖維脹壞了。這個紋的發生是在皮內而不是在皮下，所以，現在醫生替你在皮下把脂肪抽除出來，對這些妊娠紋是毫無影響的。唯一可以改善妊娠紋的方法就是拉皮，如果你的妊娠紋只是中等厲害的程度，抽脂再加上小拉皮是可以改進大部分的，如果你滿肚子都是厲害的妊娠紋，那唯有使用傳統的去脂拉皮手術才有效了。

作者常常接到這樣的一些問題，譬如說，抽脂手術危不危險啦?痛不痛啦?需要請假幾天啦？能不能利用抽脂手術來減肥啦等等。希望本文能夠幫忙讀者解答這些問題。

總之，腹部抽脂是一種簡單而且極有效的一種方法，它用來替病人解決肚子太大、曲線不好看的問題。不過，最多一次只能夠替你抽除五磅的脂肪，用這種方法來減肥是太不值得了。抽脂是用來美化你的曲線的，當然抽脂之後，你的肚子變小了，看起來比較苗條，體重也比較輕，這是一定的，不過作者還是要強調，不應該使用抽脂來做減肥的武器，因為你一定不會滿意的。如果你已經在減肥，不過無論怎麼樣減，肚子還是那麼大，那個時候，腹部抽脂是一定可以幫你忙的。

在考慮腹部抽脂之前，你應該與醫師好好討論到術前、術後應該注意的事情，也應該好好瞭解術後會發生怎麼樣的變化，會有局部腫脹，第一天晚上會局部出血，術後兩個星期會有厲害的皮下鬱血等等，樣樣你多應該先知道。開刀後，你應該繼續使用壓力綳帶，而且第三個星期開始，應該開始做腹部按摩以及仰臥起坐或騎脚踏車或者慢走等等運動。

如果作者所提到的事情，你樣樣都遵守了，那麼我相信你一定會得到很滿意的結果。

在本章內，作者只介紹了東方人最多被問津的腹部抽脂問題，其他部位的抽脂，作者會陸續在以後的文章中介紹出來與讀者共同研討。

十四、漫談抽脂問題(二)——小腿抽脂

東方人有一個很特別的地方可以用抽脂手術來改進的，那就是小腿的部分。常常聽一些人提及所謂的「蘿蔔腿」問題嗎?小腿的美容，在今天的社會裡面，實在是十分重要的。近年來一直流行的所謂「熱褲」、「短裙」等等，無非都是在標榜著小腿的美麗。小腿的美觀，以目前的審美觀點來說，應該是修長最為好看。細細長躭的腿，而且腿上不應該有黑斑或是疤痕是最好看了。

有些東方人的小腿，是短短的、粗粗的，像蘿蔔、又像象腿，這種小腿，至少在今天的眼光來說，是不大好看。為使小腿變得修長一點，很多人使用絲襪，或緊身褲襪子;為了遮住不雅觀的蘿蔔腿，很多人就只好穿長褲了。

以前的經驗，如果一個病人，想要把蘿蔔腿變細的話，那麼醫師使用的唯一辦法就開刀把腿肚地方的多餘脂肪割除。想做這個手術，就必須在小腿後面由上到下，在腿肚地方，切一條差不多一尺長的切線，然後必須花上一、兩個小時的時間，把這些太大的腿肚切除。而

且你必須知道，這開刀會流不少的血液以及遭受不少的危險，譬如發炎或是留下很大的、很不好看的疤痕等等。

現在呢？醫師所須要的是在腿彎的地方切了一個小切口，最多不過是一公分大小；由這個小開口，醫師可以伸入長導管進去，把蘿蔔腿改變外形。只須要一個小時的時間，所冒的危險又小，效果又會比以前的方法更好。這真是大進步、大改進。因目前能夠在小腿上抽脂，所以，東方人的蘿蔔腿問題，是可以很簡單的解決了。

開刀前，應該找醫生好好的討論一下你的問題。醫生檢查了之後，會告訴你，是不是真正的需要抽脂，抽脂是不是能夠幫忙你的情形。同時，你也應該告訴醫生有關你的健康情形，你是否天天須要吃某些藥品，你是否對某些藥過敏，你是否有出血情形等等，這些情形，對於決定需要使用何種方式麻醉，以及可以不可以開刀，都有很大的影響關係的。

在這個時候，你也應該要好好詢問你的醫生，手術到底怎麼樣做？切線口是會留在什麼地方？會不會有太明顯的疤痕？會腫多久？到底有多久你沒有辦法上班？有沒有什麼樣的副作用或併發症可能發生？術後你應該怎麼樣護理？鬆緊帶需要包紮多久？這些問題都是很重要的，而且都會影響到術後復原的情況的。同時，醫生也會向你提到麻醉的問題。這種手術可以使用局部痲醉，或腰椎痲醉，或者全身痲醉。如果使用局部痲醉的話，當抽脂導管接近皮膚或肌肉的時候，會覺得些微疼痛，有時比較沒有辦法抽得最乾淨。

使用全身痲醉是很好的，能夠在病人不感覺到的情況下，把腿腹裡面的脂肪抽得乾乾淨淨。另外一種痲醉方法就是腰椎痲醉；只是半身的痲醉用來小腿部分抽脂是很適合的，不過這種半身痲醉的壞處就是，術後病人必須平躺在床上十至十二個小時，而且有一些人開刀後會發生頭痛的現象，由於這些原因，作者並不太希望使用腰椎痲醉的方法。

開刀前，你應該好好的把身體洗乾淨，多洗一兩次澡就是了，這樣子可以預防不必要的發炎。有些人很多腿毛，所以時常會有這樣一個問題，到底開刀前需不需要剃毛的問題。近二十年來，許多外科醫生已經在這個剃不剃毛的問題上起了許多強烈的辯論，目前的答案是，只要你洗澡洗了幾次，剃毛是不必要的，因為研究的結果，剃毛之後，反而更多的人因此而發炎。醫生還會叮嚀你在一天前開始就須吃抗生素來預防發炎現象。

另外，如果你是想做全身痲醉的，那麽你應該在開刀八個小時之前開始就不能吃、不能喝，這樣子，你的胃裡面才不會積留食物的殘渣或水分，因為這些東西存留在胃部，對一個接受痲醉的人來說是很危險的。

小腿的抽脂普通是由膝窩部開一個或兩個小孔，由這個小傷口伸入抽脂管來施行抽脂手術。普通抽完之後的一、兩天是最不舒服的，不但醫師替你在腿部綁上鬆緊帶的不舒服，而且你還會覺得疼痛。作者，普通要病人請三天假，因為大部分的病人在三天之內就會行動自如了。

這種手術，差不多前後只須一個小時就好了，不過，普通你差不多須要在醫師的診所裡面三個小時。當然，如果你是利用腰椎痲醉術的話，那麼你至少要多留十個小時才可以起床走動。

開刀完後，醫生會為你在兩腿的地方包紮起一層很厚的鬆緊帶，或者為你貼上一層鬆緊膠布。這些鬆緊帶，醫生需要你保持四至六個星期。普通我還吩咐病人在最初的兩個星期必須早、晚都紮鬆緊帶；從第三個星期開始，你一天內只需包紮十二個小時就可以了。包紮鬆緊帶，對於手術後的成果，是具有極爲重要的意義的。

小腿抽脂之後，你腳部一定會腫而且鬱血一段時期，平均差不多兩個星期的鬱血，十天的腫脹。每一位接受手術的人，只要心裡都有這個概念及心理準備，那麼就不會緊張憂鬱了。普通我們都希望病人從第二天開始就可以自由走動，因為走動是很重要，而且對術後的復原也是很有幫忙的。不過照經驗上來說，起床走動越多的人腳上腫脹及鬱血的程度會越厲害，有時候，我不得不請這些病人暫時不要走動太多，或者請他們一天撥出一兩個小時躺下來，把腳抬高，好使積血疏散流通。

這種種問題，其實是每個人不同的，最重要的是與你的醫師保持連繫，他可以隨時檢查你，給你最適當的指示以及最合理的治療。

抽脂之後的三十六小時開始，你就可以洗澡了。不過，這個時候，我們建議你最好使用淋浴。洗澡之前，希望你用藥劑塗在傷口上，以防太多髒水滲入傷口，而且洗完之後，還須要馬上敷藥。這一點每一個醫師的意見都有一點出入，作者希望你應該請教你的醫師做一個他希望你做的一個正確決定才是。

抽脂之後，你最好要補充一些維他命及營養品。我常常告訴我的病人，每天服用多種維他命一顆，如果你也有維他命C及維他命E，那是再好不過了，因為這兩種維他命對手術後的保養是十分重要的。另外多吃蛋白質及水果，多供給足夠的水分也都是很重要的事。

在所有身體各部門的抽脂肪當中，小腿的抽脂肪應該是最會疼痛的，因為小腿部分肌肉比較淺，抽脂肪時與肌肉踫撞的機會比較大。

雖然這麼說，不過以作者本身的經驗，我的小腿抽脂的病人，最多也只吃了兩、三天的止痛藥而已。所以，疼痛的情形是可以忍受得了的。

有些人，在小腿上面長了許多像小蛇一般的靜脈瘤，這些人，我勸你最好不要考慮小腿抽脂肪的事。

第一：這些靜脈瘤很可能會造成厲害的術後出血現象；

第二：這種小腿，抽脂了之後的效果並不會理想。

第三：如果你有這麼厲害的靜脈瘤，那麼在小腿部分的抽脂，很可能造成你很厲害的循環問題，有時可能造成靜脈炎以及產生血塊栓塞症等等可能危害生命的問題。

總之，小腿的抽脂是一種很簡單而且很有效的手術。一些蘿蔔腿的問題，可以使用這個方法來解決。經過小腿抽脂之後，你的小腿會變成比較苗條，比較有曲線，比較美觀。

小腿抽脂的危險性很小，副作用也少，只要你遵照醫師的指示做，普通都能夠得到理想的效果的。

十五、漫談抽脂的問題㈢——大腿及臀部的抽脂

有幾種人大腿以及臀部很粗、很大。第一種是因為遺傳來的，你的祖父、母大腿很粗，你也可能長得很粗，我們常常看到黑人的臀部很大，他們的兒子、孫子們從很小的年紀開始，臀部就長得很大了。第二種人是以往的運動健將，他們的大腿肌肉十分發達，一旦停止運動了，這些人很可能變成具有很大、很肥腫的大腿。第三種人是生過小孩子之後的婦人；第四種人是全身擁腫肥胖的人。

以上這幾種，他們的大腿及臀部都可能太大。大腿太粗太大了，不但不好看，而且褲子穿不進去，裙子穿了也不好看，我有一些病人，在他們大腿的內側，因為太粗了，走起路來兩邊大腿互相磨擦而變成破皮或發炎，這多可憐啊。

臀部大一點點應該是無傷大雅的。中國人說臀部大了有福氣，女人臀部大會百子千孫，所謂百子是指這個女子本身會生很多孩子，所謂千孫呢，就表示說，她的孩子們也個個都會長得臀部大大的，所以他們個個也都會有很多孩子的意思。

不過臀部太大也是有問題的，不但不好看，穿裙子、穿衣服也很不對勁，而且對你的兩腿也是一個大負擔，這些人，到年老時，常會發生背部及腿部的關節炎現象。我有一位男性病人告訴我說，他的臀部使他無法參加宴會以及上講台演說，因為聽衆只要看到他就先拍手，稱呼他「蹺屁股」，等他講完了，反而沒有人拍他的手，因為他的演講天才比不夠他臀部的迷人。這位先生，最後也只好利用抽脂肪來改正他臀部的問題。

大腿部以及臀部太大、太粗了不但不美觀，而且不方便，所以，今天才有這麼多人，想要做大腿及臀部的抽脂手術。目前，在這個部位抽脂的人，是佔著所有接受脂肪抽除手術的人數的第二位，可見多少人有這種問題啊。

首先，讓我們討論大腿肥大的問題。普通年輕一點的人，或是退休的運動健將，他們大腿的肥腫是整個大腿都肥大起來，像個裝滿了，而且快要脹破的大型香腸似的。

這種肥腫的形式跟年老一點的人，或是以前肥胖現在消瘦了的人的形式不同。年老一點的人，他們大腿的脂肪大都積存在大腿的內側而垂掛在那裡，阻礙行動而且又妨礙觀瞻。還有一部分年輕人，他們的脂肪只是積存在大腿的內側上三分之一的部分，這些人大部分都是因為遺傳而來的原故。

對於大腿部分的脂肪，使用脂肪抽除方法是很有效的。如果這個人的脂肪是積存在整個大腿上，尤其是大腿的前部的話，那麽醫師可以很容易的，在鼠蹊部的地方，或者在腰部的地方切一個小開口，從那裡伸入抽脂導管，就可以容易的把大腿部分的脂肪抽除掉。如果這個人的脂肪只是存在於大腿內側而已，那麽，切口就應該放在大腿的內側，這樣子才能夠把內側部分的脂肪清理乾淨。

對於臀部地方的脂肪就有點不同了。臀部地方的脂肪大部分集中在兩處，有的人集中在大腿的側面上部，有的人集中在大臀肌的上面。如果你的脂肪是集中在大臀肌上面的話，那麽你的醫師很可能會在尾椎骨的上面開了一個小切口，由這個切口，便能夠從從容容的，把積存在臀肌上面的脂肪抽除掉。如果，你的脂肪是分布在整個大腿的上部，那麽，切口可能需要兩個，各分佈在兩側大腿上，由這兩個部位，才比較可能把脂肪抽乾淨。

所以，最重要的一點，就是在開刀前，甚至在決定做開刀前，你應該找到一位你能夠信任的醫師，請他為你好好的檢查一下，看看你的情形適不適合抽脂，抽脂之後會不會使你的大腿或臀部變得好看一點。

同時你也可因此而明瞭，大概可以抽出多少脂肪，值得不值得做這一個手術。在這同時，你也應該跟醫師好好討論你的全身的健康情形，是不是你的健康情況足夠支持你克服這一次的手術，這一次的會診，我覺得是最重要的。如果你的情形，根本就不能夠有這種手術，那你就不值得為了這個手術天天在操心，天天在煩惱了。

在第一次的會診時，醫師也同時會告訴你，抽脂之後，你需要在家休息幾天。大腿及臀部抽脂之後，普通醫師都要你穿上緊身的褲襪，或者貼上壓力膠布的。你仍然可以在壓力膠布或緊身褲子上面再穿上長褲。

依照作者本人的經驗，行動不方便以及疼痛的時間只是三、四天而已。不過，個人的因素，每個人對疼痛的感覺不同，都會影響到開刀後的回復。開刀之後一個星期的休假，應該是足夠的，除非你的工作需要很大的勞力，那就應該做特別例外的考慮了。

在會診的時候，醫師最重要的是要檢查你是否能夠利用抽脂的方法來替你解決問題，檢查一下你的脂肪是積留在什麼部分，是在大腿的內側呢，還是在大腿前？切口線需要放在什麼地方呢？一次的抽脂能不能夠容易的把全部你不要的脂肪抽除……等等。

這些問題對醫師都是十分重要的。另外，醫師還要問一問你過去的病歷。你有沒有對任何藥物過敏？你需不需要服用那一種藥品？你過去在開刀時有沒有什麼出血問題……等等，這些問題，就是醫師沒有問你，你也應該詳細告訴他的，好讓他對你完全瞭解透徹，這樣子對你的開刀才有完全的把握及幫助。

臀部有太多脂肪的問題，我覺得需要提出來再特別討論一下。有些中年以上的人，因為生過了小孩，或者是以前肥胖，現在變瘦了一點，這個時候，你的直覺是臀部的脂肪太多了，需要醫師替你抽脂。其實，大部分這些病人的真正原因是臀部下垂了。

因為變瘦了，或者是臀部變得不豐滿了，你的臀部便失去挺挺玉立的能力，你本來的臀部的脂肪失去肌肉的拉力之後就開始下墜，結果就產生了一個特別現象，這個現象就是本來高高挺起的臀部沒有了，而大腿的上後部卻多出了一塊肥厚的脂肪，而你誤解這塊肥厚的脂肪就是多餘的臀部脂肪。

對這種特殊的情形，如果醫生真的照你的意思把大腿上後部的那塊脂肪抽除掉的話，那麼你會變成更難看，因為你將會變成一個完全沒有臀部的奇人。這種情形，不應當做抽脂，而應當做臀部提升手術才可以。醫師可以用手術的方法，把那塊垂下來的脂肪塊提昇到應該屬於臀部的位置上，這就可以回復到你本來豐豐滿滿，挺挺玉立的臀部。

如果你不幸，醫生已經把那塊下垂的脂抽除掉了，那麼你的情形，只好裝入一個義臀才能補救了。如何做才能把臀部提升，怎樣做來裝入義臀，作者再找個機會，以後另外闢出一章來敍述，我們現在也只好把話題再撤回來，專談有關臀部抽脂一事。

如果你終於決定要給醫生施行大腿或臀部抽脂的話，醫生必會先跟你討論有關麻醉的問題。目前，對大腿部的抽脂是可以使用局部麻醉或全身麻醉的，作者本身是比較喜歡使用全身麻醉，因為如此比較能夠把積存在那裡的脂肪抽除乾淨。不過，如果你多餘的脂肪，只是存在於大腿部分的某些局限部位，那麼使用局部麻醉，也是能夠達到你所要求的使命。

至於臀部呢？在臀部地方積存的脂肪，常常會存得很厚、很深；而且這些脂肪常常會夾生在臀部肌肉的夾縫上，當醫生替你抽脂時，如果抽脂管子踫撞到臀部肌肉時，疼痛的感覺是一定會產生的，所以，臀部的抽脂，如果沒有使用全身麻醉時，一定會有些疼痛及不舒服。因為這個原因，作者普通都要求我的病人，使用全身麻醉來做臀部的抽脂手術。

服用抗生素，是另一個必需的問題。因為手術的地方比較特殊，發炎的機會是比較可能發生的。為了防止發炎，除了手術前好好的洗淨身體，好好的做消毒手續之外，普通我們還叮嚀病人從手術前開始就必須服用抗生素，這抗生素要一直服用到術後一個星期為止。有時，開刀前，醫生還會為你打消炎針，來雙層預防可能的發炎情形。

如果醫師是想為你做全身痲醉的話，那麼你必須在痲醉前八個小時開始就禁食了。你不但要禁食而且也要禁止喝水，因為肚子裡面有些微水分或食物的殘渣，對全身痲醉來講，都會產生不良效果的。

大腿或臀部的抽脂手術，前後大約需要一個小時。手術的第一個步驟，就是先在局部的地方打入多量的生理食鹽水以及低濃度的痲醉藥。打進去的這些東西，不但能夠減少局部疼痛及痲醉作用，又可以減少出血的情形，更可以幫忙脂肪抽出的容易性。脂肪細胞，經過食鹽水的注射，細胞本身會脹大，變得容易分離，而且也會減少與血管結合的黏連程度。食鹽水打入十分鐘後，抽脂手術就可以正式開始了。

抽脂的時候，是以一根長約一尺的鋼管伸入抽脂。這鋼管有粗、有細的。普通我是使用零點六公分粗的管子來抽大腿地方的脂肪，使用零點八公分的管子來抽臀部的脂肪。在抽出的物質當中，最主要是脂肪及水分，其中差不多有百分之六是血液。普通抽脂所需要的時間差不多一個小時。抽出的脂肪是每個人的情形不同而有異。

抽脂完成之後，醫師會為你貼一些彈性膠布，或者綁上緊身束帶，這些東西，我覺得是很重要的，它不但可以預防多量出血，而且會幫忙去除術後皮膚不平勻或者是皺紋太多的一些問題。如果你貼有彈性膠布的話，那些膠布可能會在一個星期內會被去除掉；如果你是綁上緊身束帶或束褲的話，那麼醫生可能要你穿四至六個禮拜。

普通我總是要求我的病人穿上束褲六個星期；最初兩個星期，早晚廿四小時都需要穿，除非上廁所或洗澡時才可拿下來，以後緊接著的四個星期，一天至少要穿緊身褲十二個小時，如果照這個樣子做，那麼要達到緊身、按摩、止血的功效，才會比較肯定的。

脂肪抽除了之後，起初的兩、三個月，應該還沒有辦法看到整個百分之百的功效。這點希望每一個接受開刀的人都應該明瞭。這是因為剛剛手術之後，局部的組織還有腫脹，而且部分藥品、食鹽水還在局部地方存在，功效無法顯著。兩、三個月之後，經過按摩、運動、以及緊身褲的壓力，抽脂的目標才會慢慢的顯現出來。

抽脂之後，在脂肪抽過的地方，這些皮膚，你往往會暫時覺得痲痲的。這種現象其實在其他開刀之後都可以看到的。這是因為局部表皮下神經由於抽脂或者是開刀而受到損傷，這種損傷大部分是暫時性的，等了一段時期——幾個星期至幾個月之後，感覺就會慢慢恢復的。有時，發生在開刀之後，有一、兩條極表面部分神經被割了，這種情形就需要等比較久的一段時間才能回復過來，因為我們的神經生長的速度是一年才長一點二公分。大腿抽脂病人，應該沒有這樣子的病例才對，所以，讀者是大可不必在這方面煩惱了。

大腿及臀部的抽脂已經流行很久了。尤其西方人，喜歡穿緊身褲子，或是緊身的裙子，對這一類的服裝，大腿及臀部地方的曲線是相當重要的。而大腿及臀部的抽脂對於這些部分的曲線的改進是有絕對效果的。這些抽脂手術，功效大而且副作用又少。

最重要的就是，在沒有開刀之前，應該好好與你的醫生談一談，經過他詳細檢查之後，他便會告訴你到底抽脂對你的問題適合不適合。只要他告訴你，抽脂適合你的情形的話，那麼，我想你應該可以大膽放心的去做。不過，還請你把本文詳細參閱幾次，我相信這將會對你的開刀幫助很大的。

十六、漫談抽脂的問題(四)——雙下巴的抽脂

雖然「雙」是一個大家都很喜歡的字眼，譬如：雙雙對對啦、比翼雙飛啦，都是很受人崇慕的事。不過，雙下巴的這個雙字，在這地方就受人討厭了。為什麼呢？雙下巴表示老了，下巴底下再多了一個下巴；雙下巴有時是發生在長胖的人身上，尤其一些以前胖了，現在瘦下去了的人，下巴底下的脂肪垂下了一大堆，怪難看的，而且化粧又沒有辦法遮蓋住。

這個地方是在我們臉上一個顯著的部位，別人一看就看出來，就是別人沒有在看你，你也總是覺得大家都在取笑你的雙下巴。到美容院護膚、去油，效果也是十分有限。所以，很多人在心理上總是在想，希望有一天，能夠有什麼方法，一下子把這個累贅的雙下巴瞬眼間從你的臉上拿掉，使它消失無遺。不過，從來沒想到，現在美容外科的醫師已經能夠把這件事替你很容易辦成了。你有沒有聽過所謂的脂肪抽除術嗎？我們只要在下巴底下看不見的一個地方，打一個細小到零點五公分大的切口，由這個小開口，醫師就能夠使你的雙下巴消除迨盡。所以，把抽脂手術應用到消除雙下巴上面，是再好不夠了。

東方人，永遠是第二個或第三個去嘗試新的玩意兒的人。下巴抽脂在西方人的社會上已經使用了七、八年，而且效果一直都很好，所以，東方人大可放心大膽做了。在沒有使用抽脂的方法以前，醫師如果想替病人除去雙下巴時，唯一的使用方法，就是在下巴切一個很大的丁字形傷口，這個傷口橫的部分差不多八公分，縱的差不多六公分，而且須要一、兩個小時才能完成這種手術，而現在一改往常的做法，駕輕就熟，乾淨俐落，怪不得那麼多雙下巴的人希望都來一個下巴抽脂呢。百分之五十的人抽脂是與拉臉皮手術同時做的，因為這種手術的功能及原理太接近，兩種手術之間確實有相輔相成的功效。

就如同其他的手術一樣，下巴抽脂前，最重要的還是要請醫師做一次詳細的會診才是。醫生必須檢查你一下，看一看你是不是確實的有「雙下巴」的問題。因為有一些其他的問題，譬如下巴的地方長脂肪瘤或是瘜肉等等，或者是甲狀腺有什麼問題啦，淋巴腺的問題……等等，有時也會使你變成雙下巴的現象，這些情形，有些是不必抽脂就可以治療的，有些是不可以用抽脂來治療，還有一些是必須使用其他的方法來開刀才可以。另外，醫生也必須要明瞭你的整個身體的健康狀況，你是不是適合開刀，你須不須要在開刀前先做一些檢查或一些治療，還有你在開刀後應該特別注意什麼事；這些都是在第一次會診時的重要任務。

在會診時，你也應該利用這個機會，向醫生請教，傷口會開在什麼地方？多長？多寬？會不會留下來疤痕？會不會痛？會不會有什麼後遺症？還有你應該請假多久？紗布會包紮多久？……等等。這些問題，都可以因病人，或者因各個醫生不同而有異。

這種手術，普通都可以使用局部麻醉來進行的。在抽脂時，一定都會有些疼痛感覺，如果你想要使用全身麻醉的方法來完全去除這個感覺，也是可以的。如果你想使用全身麻醉時，當然就應該禁飲禁食，普通我都是要求病人至少要有八個小時的禁食及禁飲開水，這樣才能夠保持胃部的乾淨，也不會由於沒有空腹狀態而造成不必要的危險。

另外，你平常須要服用或經常服用的藥物也是一個醫師，尤其是麻醉醫師所希望明瞭的問題。因為有些藥物對全身麻醉是會發生影響的。

如果你臉上或者是皮膚上有發炎的話，那麼你就應該等到發炎好了之後才做抽脂手術，因為在發炎的時候，你的身體上常常會有一些發炎細菌四處跑，這些細菌一定會因此而帶進下巴抽脂的地方，而可能造成發炎的現象，這對你抽脂是絕對不好的。

下巴抽脂其實是相當簡單而有效的一種手術。抽脂之前，醫生會給你一些口服抗生素，以防發炎。醫生必須在下巴脂肪積存的地方打入多量的生理食鹽水，利用這些食鹽水，下巴的脂肪會發生水腫現象，這不但有助於抽脂的進行，而且還能夠幫忙、預防太多的術後出血現象。醫生然後會在下巴凹入的地方切一個差不多零點六公分大的切口，由這個切口，醫生便能夠把下巴的脂肪抽除出來。普通在下巴的地方所抽出來的脂肪份量是很有限的，可是這麼一點點的脂肪就會對我們有這麼意想不到的影響了。

抽脂完後，這個小小的傷口，醫生會縫上很細小的線，這些線會在四、五天之內被拆除掉。至於下巴的地方，醫生一定會貼上一些有鬆緊性的膠帶，這些膠帶會保留在你的臉上差不多六、七天之久。這些膠帶是很重要的。它不但會防止太多的出血，而有助於抽脂後下巴的恢復；而且也可以幫忙抽脂之後下巴地方皮膚的均勻與美麗。

下巴抽脂之後，有一個現象你是應該明瞭的，那就是皮下鬱血的現象。差不多前後兩個星期的時間，在你的下巴以及頸部的地方，都會產生黑黑青青的皮下鬱血，這些鬱血現象，大部分都會很厲害，厲害到你無法用化粧的方法來遮蓋起來的程度。這是因為脂肪抽除之後，一些血水會往下沈積起來的原故。

只要讀者知道這件事情一定會發生，而且事先就有心理的準備來接受這個發生的可能性，那麼當鬱血發生時，你就不會產生大驚小怪，慌恐不已的樣子了。

不過，話又說回來，並不是下巴的抽脂完全就不會有什麼事會發生的。你知道在我們下巴兩邊，其實有很多十分重要的組織存在，譬如頸動脈及頸靜脈兩條大血管；在下巴的緊下方，也有很重要的甲狀腺及副甲狀腺等等，這些東西都有可能受傷害的。所以，下巴抽脂聽起來簡單，其實也應該慎重其事，找一位有經驗、有把握的外科醫師是比較安全的。

抽脂之後，也應該好好遵照醫師的指示，不要太早把鬆緊膠布拿掉，應該按時服用抗生素……等等，這些都是幫忙你達到完美成果的秘訣。

下巴的抽脂，是一個比較小的抽脂手術，不過，由於它的效果顯著，在所有抽脂當中，它是排名第三位多數被使用的名次。尤其幾乎百分之七十五接受拉臉皮的人，都同時再加上下巴抽脂的手術。

許多東方人考慮得很謹慎，主要是怕會因此在下巴地方留下了疤痕。不過，以作者的經驗，這個問題，發生在西方人的機會幾近於零，發生在東方人的機會也是微乎其微。讀者如果有更多的疑問，不妨寫信來問我，我答應將會以最誠懇的回答來讓你滿意的。

十七、漫談抽脂的問題(五)——手臂及肩膀的抽脂

手臂及肩膀地方如果脂肪太多了，常常會造成衣服穿不下的問題，而且這個問題也使得我們不敢穿短袖子的衣服，因為短袖衣服穿上去也不大好看。以前，如果一個人有這樣的問題，大概都是認命算了，無法改正，而且也是真的沒有什麼好辦法可想。現在對這種問題的處理方法就是使用脂肪抽除術了。

如果你的手臂太大、太粗時，可以在手臂的內側開一個差不多零點六公分寬的開口，從這個地方可以伸進抽脂管把不希望有的脂肪抽除掉。倘若你在肩膀部分有太多脂肪，太肥腫了，那麼可以在後胸部做一個小切口，從那兒進去把多餘的脂肪抽除掉，手術簡單、效果又好，有這些問題的讀者，真可以試一試了。

開刀前在第一次會診時，醫生必須先檢查你的情形，臂部的脂肪，有的人長在整個上臂部分，有的人還加上很多的皺紋。如果整個上臂部都長滿了脂肪，可能你的醫生需要兩個切口，才能夠把抽脂的工作做得完美一點；如果你的上臂部分有太多的皺紋或者是多餘的皮膚

的話，那麼可能你還須要拉皮的手術，才能夠達到完美的境界。有一些人上、下臂都肥腫得很厲害，這大部分都只發生在單一邊的手臂，這可能是在某些特殊手術之後，一邊的手臂慢慢肥腫起來，像這樣的情形，醫生是沒有辦法使用抽脂手術來替你改進這些問題的。

這種特殊的問題叫做「淋巴管阻塞症」，它發生肥腫的原因是因為淋巴液滯流，這不是簡單用抽脂方法就可以解決的，而且，越抽脂反而越會使你臂部的肥腫越厲害。所以事前詳細的會診是很重要的。一個優秀的醫生是可以很容易的把這一種病症檢查出來，也會很坦誠的告訴你，不要依賴抽脂的方法來解決這個不可能使用抽脂解決的問題。

另外，在第一次會診當中，也應該告訴你的醫生有關你的身體狀況，你有沒有什麼其他的病情或問題，你對某些藥品過敏的情形，以前有沒有對任何一種手術有特別的反應或副作用發生等等，都應該詳細的告訴醫生，好讓他能夠對你有完全的認識，以及做最後的決定，是否適合做這一項抽脂手術。

臂部及肩部的抽脂，可使用局部麻醉或是全身麻醉來進行。開刀時間大約需要四十五分鐘至一個小時。手術之後，醫師會在手術的地方，貼上鬆緊膠布或者綁上鬆緊繃帶。在這個特殊的地方，作者普通都是使用鬆緊壓力膠布，因為用這種方法比較方便。普通這些膠布會貼上一個星期，除非你的皮膚對這種膠布過敏，那只好拿起來，改用綳帶了。

抽脂之後皮下鬱血常常會很嚴重的，整個手臂或是整個背部都可能產生一大片的鬱血。雖然在術前醫生都已經跟病人解釋過會發生這種情形的可能性了，不過，幾乎每一個人看到了這種情形之後，還是很緊張。皮下鬱血大約在十天至兩個星期才會消失。如果你在術後第三天之後開始在鬱血的地方使用溫敷法，那麼鬱血可能會早一點消失掉。

手臂及肩部抽脂之後，在最初的三個月內，很可能皮膚摸起來會覺得不平匀或有一些硬塊存在皮膚底下，這種情形可以使用局部按摩的方法來處理。抽脂後的第三個星期開始，你便應該開始做一些手臂部分運動，而且開始在手術的地方做按摩。經過幾個月按摩，皮下的硬塊便會慢慢的消失了。

術後發炎的現象，在手臂及肩部的抽脂手術上是很少有的。醫生普通還是希望病人從術前便開始服用抗生素，而且，如果身體上某些部分有什麼發炎現象時，最好就甘脆把抽脂手術延後一段時期。如果你這樣子注意及準備的話，發炎是幾乎不會跟你結緣的。

依照作者本身的經驗，普通在手臂及肩部抽脂後，病人是不必有什麼休息的，而且術後的疼痛感覺也是很少。所以這種手術其實並不必掛慮到會影響到工作。這麼簡單的手術，而且功效又十分肯定，讀者大可放心去做了。

十八、拉臉皮手術時必須注意的事情

拉臉皮手術，在五年以前，是美國排行第二位的美容外科手術，僅次於隆乳手術一種。五年前，由於抽脂術的流行而退居到第三位。

拉臉皮在東方人就沒有這麼流行，主要是東方人很少人知道這到底是怎麼樣的玩意兒，又不知道開刀到底開在那裡？以後傷口人家會不會看得出來等等。還有人更進一步擔憂拉臉皮會不會把臉都拉得變形了的問題。最近，這種手術已經漸漸的被東方的社會接受。

在臉部，一共可以分為三個部位來做拉臉手術。

***第一個部位是上額頭部**。這主要用於拉緊上額部的皮膚，去除這個地方的皺紋。開刀是開在頭頂部，頭髮裡面或是沿著髮線的邊緣。

***第二個部位是臉頰部**。這個部位包括了大部分的臉部。許多醫生，就把拉臉皮單指拉這一個部位的臉皮而言，這實在是不夠的。在這個部位拉臉，它的開刀切入口是從髮頰部下沿到前耳及下耳部為止。

＊第三個部位是頸部拉皮。普通我們所說的拉臉皮是包括第二及第三個部位在內。因為只有這樣才能夠達到真正拉臉皮的目的。至於第一個部位，只有在特別需要的人，或是額頭皮膚特別鬆弛，皺紋特別多的人才有需要。至於開刀切口呢？是從下耳部沿到後耳及後頭部頭髮的地方。

拉臉皮手術，對於兩個眼睛附近的皺紋，並不會有什麼多大的影響。眼睛附近的皺紋，只有上、下眼皮的開刀才能夠幫得上忙的。所以，常常在拉臉皮開刀的前後，還要加上眼皮的手術，才能夠把整個臉皮做得十全十美。有一些醫師，甚至於把上、下眼皮的開刀也加在拉臉的手術上面同時來做，這時候，受術者就應該要考慮一下，是不是你的身體受得了。作者本身是比較喜歡把眼皮的手術分開另外來做。

拉臉皮是一種比較大一點的手術，開刀之後一定會有一兩個星期的腫脹以及皮下鬱血。起初的幾天，頭上會包著一些繃帶，所以受術者都有一段不想見人的時間。普通我常告訴病人，必須要有兩個星期的時間，打算來過隱居的生活，才可以考慮這拉臉皮的手術。

手術之後，皮下出血機會是百分之百，一定會發生的。普通醫師在術後的第一天都希望綁上壓力繃帶來防止出血的現象。另外，術前術後有沒有使用阿斯匹靈（ASPIRIN）也是會有關係的。還有女性病人應該儘量避開月經期來做開刀，也是很重要的。

拉臉皮的開刀，因為時間需要比較久，而且很多開刀的切口都在頭髮裡，所以每一個受術者都需要服用抗生素。身體上，尤其是皮膚上如果有什麼地方發炎、長膿瘡等等，就不應該急著開刀，應該等到發炎好了之後才做，這樣才不會發生發炎的現象。

很多病人，擔心著開刀後的傷口會不會明顯的問題。拉臉皮開刀的傷口，可以看得出的部分，只是在耳朵的周圍而已。而且普通這些傷口也是相當合作的，它們比較不會發生醜惡的疤痕瘤的現象。而且這些地方的傷口，即使是有一點點疤痕，也是比較容易用頭髮或者是化粧的方法來遮蓋住。

拉臉皮的手術，有二百分之一的機會可能發生神經痲痺的現象。這種痲痺的現象，大部分在六個月之內是會回復的。這種現象，比較容易發生在第二次以上的受術者，或是十分挑剔的病人。神經痲痺是一個十分惱人的副作用。

在此，作者想再提出一點的是，在第二個部位及第三個部位拉臉皮之後，幾乎每一個病人都會覺得耳朵的下半部有痲木感，這也是一定會發生的，因為四分之三的耳朵都被包含在開刀切口之內的緣故。

這種痲木的感覺有時會持續達六至十二個月之久。這種痲木的感覺，並不包括在前節所說的神經痲痺的項目之內，因為這不是併發症。也就因為手術之後，耳朵的下半部會暫時痲木之故，術後病人是暫時不准掛耳鐶的，一直要等到痲木感覺恢復之後，才可以再使用耳鐶，否則很容易發生耳垂受傷而不知曉的現象。

由以上的敍述，讀者可以知道，拉臉皮的手術，其實也不是一種怎麽可怕的大手術。受術者只要在心理上有休息兩個星期的準備，就可以放心考慮這個可以轉瞬間讓你年輕五至十歲的還老返童的手術了。

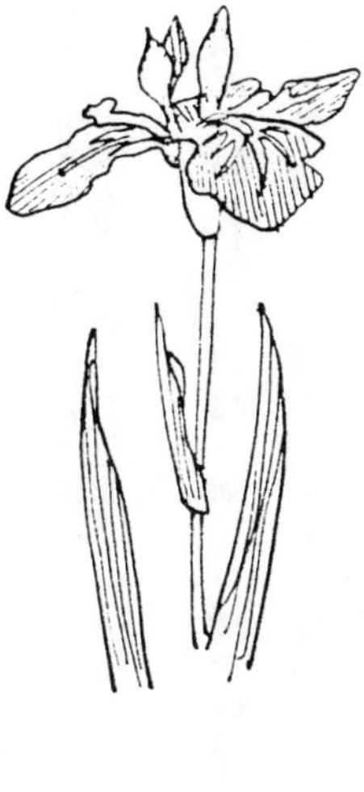

十九、前額部分老化及皺紋的問題

一個人老不老，年齡大不大，很可能操縱在你前額部分的表現。因為這個部分是處於你整個身體各部分的正當中，最突出而且最面對對方的一個部分。如果你的前額還光滑滑的，人家會說，你是油光滿面，年輕活潑，如果你皺紋滿佈，人家就會指你衰老，老態龍鍾等等。可見前額部分是多麼重要啊。

前額部分的皺紋，有人說是年齡紋，有人稱它是抬頭紋。雖然有些人是年紀輕輕就已經有許多抬頭紋了，不過，大部分人都是因為年紀大一點了，皮下脂肪跑掉了，前額部分的皮膚就變成越來越多，所以皺紋也就越來越多。當然，越用表情的人，越善感多愁的人，前額部分的皺紋也就越多，這也是因為你把這一部分的皮膚用得很多，皮膚比較鬆弛，所以皺紋也就跟著會比較多的緣故。

作者看過很多人，前額部分的皺紋一經想辦法去除掉了之後，突然就煥然一新，年輕了許多，事事如意彷彿像不同的一個人似的。自已本身也會覺得神情更煥發，事業做起來也比較起勁，怪不得很多中國人都認為前額部分的光亮不光亮，對一個人事業的成功與否有著莫大關係。

其實，自從很久很久以前，就有許多醫生想出許許多多方法，來解決這個問題。這些方法作者可以大約把他們歸納為四大種。

＊**第一種是物理治療方法**。那就是使用一些物理治療的原理，譬如：按摩、高溫度蒸氣、軟膏、超音波、……等等。這無非就是利用物理學原理，使局部的皮膚張力增強；張力一增強，皺紋就減少了。使用這種方法來去除皺紋最簡單、最便宜，不過效果也最不一定了。一些面部的美容師也會使用這一類的方法，來替你減除皺紋，我本人認為，時常做這些物理治療是有益無害的。

＊**第二種方法是脫皮法**。換句話說，就是把含有許多皺紋的舊皮脫去，使新皮重新從皮下生長出來，當這些新生的皮膚長出的時候，它的張力會比較好的，皮膚也比較年輕，比較新，皺紋也會比較少，那不就是完全達到我們要求的目的了嗎？

至於脫皮的方法是有很多種的。有利用機械原理，使用鑽石球或是沙紙來磨去老皮，產生脫皮作用，使用這種方法的，叫做機械性脫皮法。

另外一種是利用化學藥品，譬如是強酸或強鹼，來塗擦在前額部分，使表面上的幾層老化皮消失，當老皮消失了之後，底下的新皮就會代替它出現在前額部分，這新皮當然就是比較好的皮膚了。

最後還有一種，那就是使用最新的科技——鐳射線了。經過仔細的調整焦距與強度，使用鐳射光來摧毀前額部最表面的數層表皮膚，然後使用特別小心的方法，來保護並且扶持新皮的長出。當然，這新皮是比較年輕好看的。

利用脫皮的方法是可以改進前額部分少數皺紋的，不過，與開刀的效果比較時，就會覺得開刀的方法是比較有效的。脫皮目前只是用來幫助很輕微小皺紋，或者一些人開刀之後，還剩下一些小皺紋時才使用的。而且，東方人或是其他有色人種，常常在脫皮之後，會產生一些十分難看的黑斑，東方人會發生這種脫皮斑的機會是百分之二十以上，所以讀者是不可不知道的。

***第三種是小開刀的方法**。這只是適用於只有幾條深皺紋的人才可，一些禿頭的男仕也可能會考慮這種方法。所謂小開刀的方法，就是直接利用外科手術的方法，把很深的皺紋切除，然後利用很細的針線來把切除之後的傷口縫起來。

經過這個手術之後，當然皺紋會消失，不過，如果你本來有四條皺紋，那麼開刀之後，就會留下了四條疤痕。這些疤痕是會一直留在那裡的，而且剛開刀完後的五、六個月會顯出紅紅明顯的跡象。有一些禿頭的男仕，因為他們根本就沒有頭髮來掩蓋拉皮手術後在頭頂上所留下來的疤痕，除非他們戴上假髮，才不會被人查覺。所以這些男仕們，與其在前額部分留下一些小疤痕，而不願在頭頂上留下了大疤痕，那麼這種小開刀就可以派上用場了。

＊第四種方法是所謂前額部的拉臉皮手術。前額部拉臉皮時，醫師必須在前額部頭髮的沿線上面，或者在前頭部頭髮裡面，開一條與臉部寬度幾乎同樣大小的一條切口，順著這條切口，皮膚必須小心的與前額頭骨掾離，然後才能往上拉皮。前額部的皮膚經過這樣子拉緊之後，一至二公分寬的多餘皮膚就能夠切除掉，而且上額部便會變成光滑滑的，皺紋也會隨之消失了。

上額部份的拉皮手術，現在很普遍了，尤其在雷射開刀發明之後，許多醫師包括作者在內，也都能夠使用雷射來替病人作前額拉皮的手術。就像我上節敍述的一樣，一共有兩種不同開刀方法，一種是在前頭部的頭髮裡面開一條與前額幾乎一樣長的切口，然後小心的把頭皮、前額皮跟頭骨分離，這當中當然要注意神經、血管的分佈情形。

當皮膚分離清楚之後，醫師便能夠將上頭皮膚往上拉緊，多餘的部分頭皮便須要切除，然後再把頭皮的切口用針線縫上。使用這一種切口的開刀方式，因為切除的部份頭皮是包含著頭髮的部分，所以，開刀後頭髮可能減少了。上額會變得大一點，而且有可能在開刀切口附近頭髮會脫落。因為有上面述說的這些問題，所以有的醫師喜歡使用第二種開刀方法。

這一種方法的切口是選在前額頭的髮沿線上。換句話說，也就是沿著前額髮線的接沿部分切開，然後來做拉皮手術。用這樣的方法，其所去掉的皮，是沒有長頭髮的前額部分皮膚，所以就沒有損害到你的頭髮的可能性。不過使用這種切開法，其所造成的疤痕是可以看得到的。女性病人就無所謂，他們可以用頭髮掩蓋住這疤痕，男性病人，尤其是禿頭的男性病人，而又不願意戴假髮或戴帽子的人，那就可以很明顯的被看到傷口了。

最近有幾位美容外科醫師發明了一種新的前額拉皮方法，那就是在頭髮裡面開了一個差不多原來拉皮所需要的長度的三分之一長的傷口而已。然後使用帶有纖維光管的特殊儀器來幫忙皮膚的分離。不過這種新的方法，還只是一種大膽的嘗試而已，依作者本身的意見，由於這種方法所可以切除的皮膚是有限的，所以僅能對一些特別的病人，尤其對一些只有一個特殊部分有許多皺紋的人才有效。這種方法目前還不普遍，所以在本文，作者並不預備花太多時間來介紹它。

由以上的敍述，讀者大概可以想像得到，其實前額部分的拉皮並不是一種怎麽麻煩的事情。這種開刀對前額部分有皺紋的人是很有幫忙的。這種開刀只須使用局部麻醉就可以了。當然，如果你特別緊張怕痛的話，也是可以打針使你睡覺，或者是利用全身麻醉來做這種手術的。

有心想要做前額拉皮的人，必須要明瞭到底這種手術是怎麽樣做，有沒有什麽危險性，會不會發生什麽副作用等等詳細的事情。

如果你的拉皮是要從頭髮裡面開刀進去的那種，你必須要明瞭開刀之後頭髮可能會損失一部分，而且縫合的線上也很有可能會暫時或永久性的脫去一部分頭髮的，而且最重要的一點就是你的前額會變成比以前更寬更大了些，也就是所謂的「禿頭」了。要是你的醫師是要做前額髮根的地方切開的那種，那麽你應該要瞭解開刀之後，這個切線口是看得見的。這個疤痕在最初幾個月內是會紅紅的，以後才會慢慢變淡消失掉。

術後紅腫的時間大約一至二個星期，術後疼痛的機會則因人而異，有的人根本就不必吃止痛藥，有的人卻會痛到幾個星期之久，不過我認為這跟開刀時分離的深淺有一些關係，跟兩頰部分肌肉椽離與否也是有關的。

出血在這種開刀也是可以見到的，因為前額部分的血管很多，血液循環也很好的緣故。如果醫師在分離皮膚的時候，分得深一點，或者使用雷射來做開刀，其出血量是可以減少很多的。另外，女孩子不要選在月經的期中來開刀，如果你時常服用阿斯匹靈的話，暫時停用一、兩個星期，這些都可以幫你預防出血太多的現象發生。

皮下鬱血的現象也是時常可以看到的。不過大部分的鬱血在兩個星期之後都會消失掉。皮下鬱血有一個很特別的現象，那就是除了上額部分之外，兩個眼睛附近也都會有很厲害的鬱血情形，就像被人家一拳打傷兩個眼睛那樣，這是因為上額部分的皮下組織與眼球附近是相通的，而且這些組織都長得很鬆，所以皮下的出血很容易就連通到各個地方。

開刀之後，上額部分會變成麻麻的，這個現象可能會持續到幾個月之久。其實這一點也是不必太緊張的。所有的開刀，在傷口的附近都會有一段時期暫時麻木，這是因為表皮傷口附近的微神經受傷之故，有的時候就是不用開刀，只有在皮膚上面打傷了，也是會有這事情發生的。

我們每一個人在眉毛的底下都有一條神經，叫做顏面神經的第一分枝。在上額的拉皮手術中，如果太大意了，很可能把這條神經拉傷了，這樣的話，很可能就會造成不能提眼或是額面部分沒有感覺的問題。這個問題雖然是每個醫生在做這種手術時都會瞭解及小心的；不過，每一個病人也應該瞭解，不能夠也不可能要求醫生一下子拉皮拉三吋或四吋或者更寬，因為不但眼睛會被拉得變形而且也有顏面神經被拉傷的可能，每一個醫生都會知道何時適可而止的。否則他就不是一位好醫師了。

上額拉皮是一種相當見效的一種手術。一個人如果上額皮膚產生太多皺紋了，醫師除了可以脫皮、換皮、磨皮之外，也能夠使用這一種不太痲煩的拉皮方法，把這個部分的皮膚拉緊，使你皺紋儘失，青春再造了。

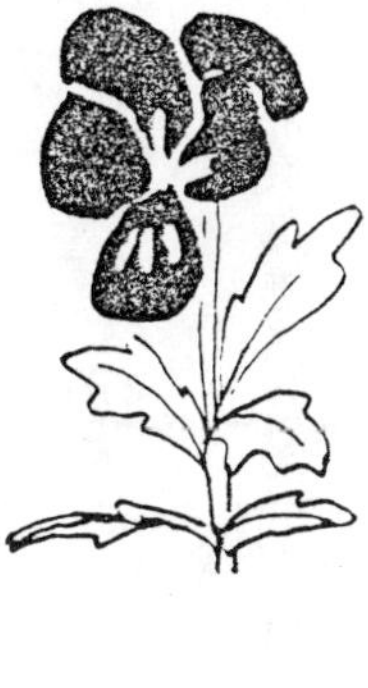

二十、前額部拉皮時應該注意的事項

我們上次提到前額拉皮的事了。如果你正在考慮做這項手術時，那麼你應該注意到那些事情呢？作者也將把它分成三個階段，來為你分析一下，到底你應該注意那些事情，才能夠使這個手術一切進行順利。

＊第一：手術前所應該注意的事情

在這個階段，你應該好好的跟你的醫師討論，你是否值得做這一項手術，而且更重要的一件事，是你是否可以做這項手術。這種手術是專門為了除去前額部分的皺紋而設的。如果你的前額部分的皮膚太鬆了，或者長了太多的皺紋，那時候，你才需要做這種手術。

這個手術，一共有兩種開刀的切開方法。一種是從頭髮裡的頭皮部分切開進入的，另一種方法則是沿著髮線的部分開刀的。

如果你的前額部分本來就太寬的話那麼你就應該特別小心，甚至於不要採用切口線在頭髮裡面的那種方法為妙，因為，使用這一種方式開刀之後，你的前額部分變得更寬敞，變成一個很難改正的不美觀樣子。

女孩子，有時也不妨考慮使用沿著頭髮沿線的那種開刀方式，因為這傷口在復原了之後，都可以被化粧掩蓋在頭髮裡面的。

你也應該與醫師好好討論一下，這種手術之後到底會腫多久？會產生怎麼不舒服的現象？會在什麼地方發生鬱血現象？到底會鬱血多久？……等等，好讓你安排足夠的假期。普通，這種手術後，你會在臉部——尤其是上臉部，腫上七至十天，鬱血期間大約兩個星期，所以，大部分的病人，請假一至兩星期是足夠的。不過，如果你的工作大部分為公共關係，須要時時面對客人的話，那麼你就至少請兩個星期至幾個星期的假了。充分的休息、小心的保養，就是成功的秘訣。

如果你有什麼疾病，或是定時必須服用某些藥物的話，那麼就應該術前先詳細報告給醫師，好讓醫師對你的病理及心理情況瞭若指掌。醫師同時也會告訴你，那一種藥物，你必須繼續使用，那些藥品，應該暫時停用等等。

＊第二：手術當天必須注意的事情

手術當天，最好先將臉部及頭髮洗乾淨，如果能夠多洗一、兩次更好。因為這個地方，洗得乾淨些，就比較不容易發炎，而且在術後的幾天，醫師也希望你幾天不洗頭髮，這樣就比較不會妨礙你傷口的復原。

在開刀的當天早晨，最好不要吃得太多，因為醫師至少會為你打些鎮靜劑以及局部麻醉劑，這些藥劑有時會使你頭暈或有嘔吐的現象。如果你的開刀是使用全身麻醉的話，那麼你至少必須有八個小時以上的空腹準備，在那種情形下，你當然就更不應該吃東西了。

在開刀之前，醫師會先行計劃出他希望開刀切線的地方，到底你是希望這個切線放在頭髮的沿線上面，或是放在頭髮裡面，這是你做出最後決定的時候了。就如前面敍述的一樣，如果這條切口線是放在頭髮裡面的話，當然開刀完後，傷口就比較不顯著，不過，很可能你的前額會變得比以前更寬大了。

這對於一個本來前額部分比較狹窄的人，並不是怎麼大驚小怪的一件事，不過，對一個本來前額就很寬敞的人，你就必須三思而後行了，好好再考慮一下，可能沿著髮線的那一種方法，對你是比較適合的。雖然傷口的切割線是在可以看得見的地方，不過，頭髮是很容易將這條切口線掩蓋住的。

如果你是使用局部麻醉的話，那麼在開刀的過程當中，你應該還可以大略知道，醫師正在做什麼事情，只是你不會覺得疼痛而已。如果你有些微疼痛感覺的話，應該馬上告訴你自己的醫師。一個優秀的醫師，是不會介意你告訴他有關你自己的感覺的。以今日進步的醫學，至少是能夠保証，使你在開刀當中不會覺得疼痛的。

有一些人，根本連聽到動刀子的聲音都受不了，這些人，最好就請醫生做全身麻醉算了。否則，精神緊張，對整個開刀的進行也是不好的。

＊第三：開刀之後，應該注意的事項

手術完後，醫生會替你包上一層紗布，而且在開刀完後的當天晚上，還會在紗布上加上壓力，以防止出血的情形。有的醫生，還會在傷口裡面裝上一條排泄血液的導引管，這條管子，在一、兩天內，醫生就會將它取出來。

在起初二十四小時內，傷口上一些血水滲出來是一種相當平常的事，你大可不必為這些事情驚奇的。不過，如果你的出血將紗布都弄濕了，那麼你就應該請醫師替你換一下紗布，順便請他查看一下傷口的情形。一個小小的出血點，醫生是很容易利用壓力紗布，來替你處理及止血的。

麻醉藥的功能，普通在四個至六個小時之後，就會慢慢退掉。這個時候，你就會慢慢的感覺到疼痛了。在術後，醫生一定會給你一些止痛藥物，而且告訴你使用這些藥物的方法。千萬不要忘記告訴他，你有沒有對那一種特殊的止痛劑過敏。如果你的疼痛，無法利用醫生給你的藥物來控制的話，那麼應該告訴他。在這種情況下，你的醫師可能會再跟你檢查一下，或者給你一些比較強烈一點的止痛劑，來替你解除這個煩惱。

為了預防發炎，除了術前便開始服用抗生素以及洗髮多次之外，術中及術後，醫生還會給你抗生素的。對這些抗生素，你應該好好遵照醫生的指示服用。

有些病人，以為已經開刀完了，一切都很順利，就把抗生素擱著不吃，有些人認為抗生素傷胃，自己做主不吃或者減少劑量等等，這些都是常見的事情。結果，把本來很簡單的前額拉皮手術，變得發炎了，那事情就更複雜了。

其實，依照作者本身的經驗，前額拉皮手術，是不太容易產生太厲害的發炎，讀者也不必太為此而擔心。糖尿病的患者，希望要特別小心。術前你就應該告訴你的醫師，也應該好好控制你的病情一下。小心服用抗生素，以及預防發炎現象，這對糖尿病患者最重要。

開刀之後皮下鬱血，尤其眼眶附近的鬱血以及臉部的腫脹，是十分平常的事情。普通這些情形，發生在術後三天內最為厲害，而且會持續七至十天，每一位受術者，都必須要有這個心理準備的。如果你幸運沒有太多腫脹的話，你只是僥倖；反過來，如果你腫得厲害，鬱血得很怕人，這也是可能發生的，千萬不可因為這樣而抱怨替你拉皮的醫師。腫脹及鬱血的程度，跟拉皮的多少是不會成正比的。

開刀後的幾個月內，你前額部的頭皮是會覺得痲痲的，這是一種十分平常的事情。表皮的感覺，是須要幾個月的時間才能夠慢慢回復過來的。在這段時期當中最重要的就是，不要太大意傷害到這部分皮膚。因為這部分皮膚感覺遲鈍，所以受傷比較容易。無意中的受傷，往往因此而造成發炎及長疤痕等等後遺症，這是應該要特別小心的。

廿一、下巴美容的問題

下巴部分對整個臉部的美容問題，佔有極重要的地位；下巴太細了，臉蛋兒會變成太尖的形狀，也是不美觀；下巴太大、太肥了，會使臉兒變成圓形或扁圓形；如果下巴長得太突出了，會變成「戽斗」；太凹進去了，則變成畸型臉。從上面的敍述，讀者們大概可以看出，下巴的問題也是滿複雜的。我們要研究下巴問題，就必須顧慮到下巴在臉上，從三個不同的平面上做整個立體的觀察後的美容形像才對的。

一個人，如果他的下巴長得太大、太突出，那唯有利用整形的手術，把突出的部分切除，才能夠解決這一個特別的問題。如果下巴太小、太陷入、太不夠突出，那麼解決辦法，也需要整形手術，使用移花接木的技巧，把臉骨鋸開，然後把下巴移位，利用愚公移山的原理，把不夠突出的下巴移出到足夠突出的位置上。

一個人的下巴，長得太大、太突出，目前有兩種方法來處理這個問題。第一種方法就是利用骨挫子，把突出部分的下巴挫掉，或者使用鋸子把多餘的部分鋸除掉。當然這當中是有很多學問及經驗的。醫生必須十分小心，才不會傷害到跑在骨頭裡面的血管及神經。一些臉面骨部美容外科的醫師們，就是做這種手術的專科醫師了。

利用這一種方法來矯正下巴，好處就是比較直接一點，你覺得那一個部分太突出，醫師就開刀將那一塊突出的部分去除掉。不過很多人的問題，並不那麼簡單呢？

許多人是下巴中央部分太突出了，可是旁邊部分又太凹進去了，醫生如果單單把凸出的部分切除了，那麼凹進去的部分便會顯得更加明顯。所以對這一類的問題，醫師也只好用第二種方法了。這個方法，就是把下巴骨頭切成幾個部分，然後重新把它組合到一個不凸出而又不凹入的那個情況。

這種方法所須要的技巧就更精細了。專科的醫師們，一定要很精細的研究病人的立體X光照片，而且還須要電腦的幫忙，來計算出切開骨頭角度，以及怎麼樣組合這些骨頭。

作者對這一些精巧的手術，也是門外漢，這是一項極為新興而具有高度精巧的學問，如果讀者有這種需要，作者可以為你介紹專家。不過，話又說回來，這種手術，危險性比較大，發生副作用或併發症的機會也多一點，這也是不可不知道的。

臉部的骨頭，因為很靠近中樞神經系統，所以這一部分的開刀都要十分小心及精確；另外因為這些手術都需要切開骨頭，千萬要很小心防止發炎現象，骨髓發炎症是這一類開刀時一個最不希望發生的併發症，也是一種最難治療的一個併發症。

一個人如果下巴太小、太凹陷，醫師也可以用開刀的方法來矯正。第一種開刀的方法，就像上面我們講過的方法，把下巴骨頭切開，然後把下巴移出；重新組合成一個滿意一點的下巴。這個方法，因為動的手術太大，問津的人較少。

目前最多使用的方法是第二種方法，那就是使用義下巴的裝入法。目前最普通被使用的義下巴是使用由軟性固態矽膠所做成的模型。這種模型有許多不同的大小及形狀，每個人依照個人需要的情形，裝入最適合他們的大小及形狀。這種利用義下巴裝入法來矯正下巴的手術，與第一種方法比較起來，是簡單得多了。

醫師們可以由兩個不同的地方來裝進這個義下巴。這兩個地方就是下巴外的皮膚以及下嘴唇黏膜。如果醫生想要從下巴外面的皮膚切開做裝入法時，他必須要在頸部的頂端，也就是下巴的地方，切開一條大約一點五公分大的橫線切口，把皮下組織、肌肉小心分離，然後才能夠把義下巴裝進去。使用這個方法的壞處就是必須切一條別人可以看得見的傷口，這個傷口以後還可能結疤，也可能造成有礙觀瞻的一個疤痕，而且，如果你希望裝入的這個下巴，是一條很長、很大的義下巴時，那麼技巧上也是一個極大的難題的。

如果不願意在皮下外切一個難看的傷口時，那麼另外一個方法，就是從下嘴唇裡面的嘴唇黏膜切入的方法。醫生必須先清洗你的嘴巴，然後在下嘴唇的內面切開一條橫型的切口，小心的把黏膜下的組織分離，然後把義下巴裝進去。使用這種方法雖然比較容易，不過發炎的機會，比由皮外進入的一種為大，而且術後一段時期，病人無法食用正常的食物，這也是受術者必須在術前好好考慮的一件事。

手術後，你應該對一切進食的食物，做很小心的選擇，你必須避免食用太硬、太難咀嚼或者太刺激的食物，因為這些食物都有礙於術後的正常回復程序的。

有幾家廠商把義下巴做成與隆乳用的義乳一樣的東西，那就是把液態矽膠裝進入矽囊裡面，用這個矽囊來當做義下巴。作者對這種義下巴並不欣賞，因為不但形狀不好看，裝了之後，更不好看，而且不容易裝進去，裝入了之後，位置又不容易移動，所以這個形式的下巴，作者並不建議病人利用。

還有一些人，就甘脆直接把液態矽用小針美容的方式打入下巴來做下巴美容的目的。使用這種方法，並不能夠改正太大的缺陷，而且目前醫藥食品管理局強力反對矽膠注射的問題，所以，利用小針美容來矯正下巴是行不通了。

下巴美容的手術，尤其義下巴裝入的這種手術，是能夠在局部麻醉下進行的，當然，如果你是緊張型的人，使用全身麻醉當然也可以。開刀的時間，大約須要一個小時，開刀之後會腫上七至十天。骨頭組合的那種手術，至少會腫了幾個星期，而且術後疼痛的程度也比較大。開刀前一直到開刀後，應該吃一些抗生素來預防發炎。

讀者們，在考慮開刀之前，必須先與你的醫師好好研討有關你下巴的問題，找出問題的所在，求出解決這些問題的答案；進一步還須要充分明瞭這些開刀的詳細情形、步驟，進而知道可能產生的併發症，如何預防這些併發症的發生等等情形。然後為你自已安排一至兩個星期的假期來做回復時期的療養。

有充分的準備，才能得到滿意的效果，這是千真萬確的。

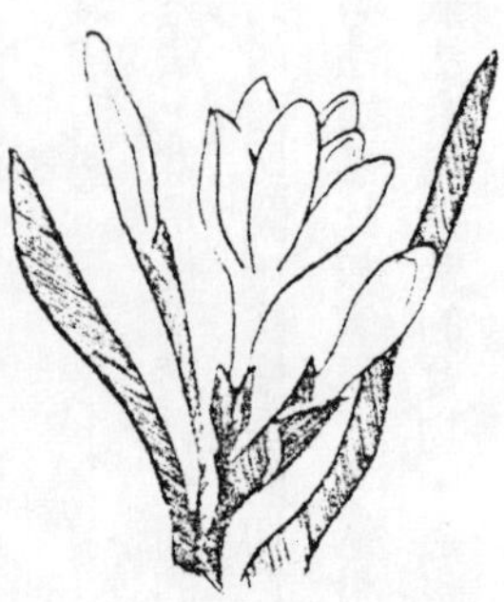

廿二、關於雷射手術的問題

雷射是一種高頻率的激光，它雖然是一種肉眼看不見的光線，不過卻具有極大的殺傷力。只要焦距對得準確，它可以把焦距下的物體，在極短的時間內破壞，而且氣化掉。醫生們利用雷射線的這種特性，準確的調整焦距、強度、受光面積以及雷射深度，便能夠使用它來除去身體上的腫瘤以及疤痕。

目前醫學上已經開始利用雷射來治療許多專門的醫學疑難絕症了。

雷射手術使用在美容外科上的機會也不少，大約有如下幾種用途：

一、雷射脫皮：使用強度極輕微的雷射線，把皮膚最上層的角質及表皮層除去。然後，就像普通磨皮後療養方法一樣，小心的保護新生表皮，而達成換膚的目標。

二、雷射外科手術：因為雷射本身具有較上乘的止血作用，所以一些人已經把它應用在眼皮手術以及拉臉皮的手術上了。使用雷射，普通出血程度會減少一點，腫脹的程度，也可能減少一些。

三、利用雷射去除皮膚腫瘤：在皮膚上面長出的腫瘤、瘜肉或是癌症等等，都可以使用雷射來治療。使用雷射來開刀，不但費時較短，出血較少，而且比較容易根治，效果很好。

四、利用雷射去除斑疹：皮膚上長出的色素斑點，用雷射來治療是相當有效的。這些斑點本來就只是長在表面皮膚裡而已，普通只用輕微強度的雷射線就能容易的全部淸除掉皮膚上的斑疹，痊癒之後，也是很少會留下怎麼難看的疤痕。

五、雷射治療胎痣：胎痣普通都是血管瘤演變而成的。普通在嬰兒時期就已經有了，顏色很濃，有時面積很大，形狀不規則，又難看。有些人年紀大了，會變形而且變大。以往這是外科上的一個絕症。目前，醫學上發現黃色光及綠色光的雷射線能夠在這一個絕症上幫一些忙，不過痊癒的機會還是不大。受術者應該要有極大的耐心，普通對這種毛病，醫師都需要數次的治療，才能夠慢慢將胎痣除去的。

六、利用雷射除疤痕：有些人因為以前曾經受過傷或開過刀後，在傷口地方長出十分不雅觀的疤痕或者是疤痕瘤。這種疤痕瘤以往總是束手無策的，現在以雷射治療可以將它消除。雷射對這些疤痕的治癒率是百分之六十。

七、利用雷射消除紋身：平均大約百分之五十的人，希望把他們年輕時做在身體上的紋身拿掉，這確是一種十分不容易的事情。以往唯有使用強酸、強鹼、磨皮或是切除術等等方法來除掉其中的一部分。

這些方法，痛苦極大而且又不能夠根治，還一定會留下一大塊極不美觀的疤痕。現在，雷射也被應用在消除紋身的手術上了。到目前為止，其功效還是不能算得上百分之百的滿意，不過比起以往的方法，是較為上乘了。

與其他的外科手術一樣，雷射的開刀時，也是有許多應該注意的事情。因為雷射線是一種看不見的光線，所以，一些損傷非要等到已經發生了之後，才能夠知道。醫藥用途的雷射機器普通都在雷射光線的地方加上一種可見的光線，譬如紅色或者綠色，來幫忙醫師識別雷射線的位置。普通雷射機器是使用之前才開機的，否則容易造成不必要的意外。

雷射不但對皮膚及組織有殺傷力，對視神經也會損害的。所以，只要雷射機器使用當中，每一個人就應該戴眼鏡來保護眼球及視神經。如果病人須要雷射治療的地方，恰好是在臉上，戴眼鏡會阻擾手術進行之時，醫生一定會一再叮嚀病人眼睛緊閉，以防意外。雷射線也跟光線作用相似，會直射、拆射以及反射，有些人以為站在後面就不會被雷射線傷害到，其實這是不正確的。

雷射的治療是可以依照需要來調整治療的深度的。如果雷射的治療深度達到真皮層的話，那麼恢復之後，還是會產生疤痕的，不過雷射治療後的疤痕普通都比原來皮膚瘤的面積稍微小一點。如果治療的皮膚，只是在表皮層的話，那麼可能不會產生什麼疤痕的。

初經雷射治療後的皮膚，普通都是紅紅嫩嫩的，必須經過三、四個月之後才能變成與附近皮膚的顏色相近。這一塊新生皮膚也應該要很小心照護，每天都必須使用防晒油（SUNSCREEN）來保護它，否則受到陽光的損害，色素比在其他部分更容易積存，而會演變成更厲害的斑點，這是每一位受術者應該注意到的事情。

用雷射來治療斑疹或是胎痣時，作者通常都希望選一小塊的地方來先做試驗。依照個人的經驗，我覺得使用這種方法比較保守。對病人以及醫師兩者都比較有好處。先對一小部分的地方做徹底的瞭解，然後設立一個目標及時間表來做全面性的治療，這樣子，病人也比較能夠明瞭術後的情形，有比較完整的心理準備，對恢復的過程也比較有幫助。

廿三、皮膚上的腫瘤

皮膚上的腫瘤，可以分為兩種，一種是良性瘤，另一種是惡性瘤。所謂的良性瘤，就是這個腫瘤不會擴散到身體的其他部分，不會造成喪失生命的最終後果。而惡性癌，就不同了，所謂惡性瘤，就是「癌」。皮膚癌的最終點就是生命的終了。因為，癌症會深入到身體的各部重要的組織及器官，而最後導致器官功能的喪失而致命。

首先讓我們來談一談良性的皮膚腫瘤吧。雖然它是良性，不過還是相當令人厭煩的。良性的皮膚瘤，可能會長在四肢或是胴體上，也可能長在臉上。它會隨著時間慢慢的長大，而造成外表上的不雅觀。如果這個瘤是長在臉上的，那麽更容易使臉上變得畸形難看。

利用外科的方法，去除皮膚上的腫瘤，是一種必要的步驟。一半以上的腫瘤，由於外表奇怪，連醫師也懷疑是否癌的可能性？這個時候，最好請醫師把這塊腫瘤送呈病理檢查，確認不是癌症了，才能夠安心。

去除皮膚上腫瘤的方法很多。可以使用開刀的方法把腫瘤切除，然後用針線縫上，也可以使用化學藥品、液化氮、電針或者雷射的方法，把腫瘤消除。無論使用那一種治療的方法，都會在皮膚上留下一個開刀的痕跡。如果選擇了切開及縫合的方法，手術之後，一定會留下了一條線狀的疤痕，如果使用另一種治療，譬如電針或雷射法，那麼你也同樣會留下一個與原來腫瘤同樣形狀的疤痕。

雷射的方法，有一個好處，就是它留下的疤痕，普通都會比原來腫瘤的大小「小一點點」。醫師們總是會小心，儘量使疤痕減少到最小的程度。如果這個瘤是長在臉上的，那減小疤痕就更形重要了。否則，在臉上留下不好看的疤點，就更糟糕了。

醫生們如果想把臉上一個腫瘤切除，再用針線縫合的時候，都會很小心的順著臉部的自然皺紋線的方向來做切口，這樣子才不會產生畸型難看的傷痕。而且所使用的縫線也應該十分微細，才不會留下明顯的疤痕。如果使用不須縫線的方法時，普通都會留下一個與腫瘤同樣大小，相同的形狀的疤痕。

目前作者比較喜歡使用雷射，因它的疤痕比其他同類的方法所留下的疤痕為小。使用雷射或電針來處理皮膚腫瘤時，通常是從很輕微強度的電流開始，然後依照腫瘤存在的深淺以及大小來增加強度，以期完全去除腫瘤而不損害到腫瘤附近的正常皮膚組織。腫瘤去除之後，疤痕起初都是紅色的，幾個月之後，才會慢慢的變回本來的皮膚顏色。不過，東方人當中，百分之二十至三十，會產生色素沈澱，因為我們都是有色人種的關係。這種色素沈澱的現象，就是所謂的黑斑了。

以下讓我們來談一談惡性的皮膚腫瘤吧。如果皮膚上長出一塊癌，而醫師又懷疑是惡性的可能性的話，最標準的方法就是使用開刀的方法，把整塊腫瘤除去，送呈病理檢查；先確認是不是癌？到底是那一種癌？然後才能決定正確的治療方法。

如果病理檢查的結果是一些比較簡單一點的皮膚癌，譬如，雷根前總統所患的基層細胞皮膚癌，因為它的性質比較溫和，擴張性小，而且只在局部擴張。對這一種皮膚癌只須要把癌的部分切除就可以了，不必再進一步施行大幅度的組織割除。

但是，如果遇到了惡性比較重的癌，譬如黑色素皮膚癌時，那問題就不同了。如果病理檢查確實是黑色素皮膚癌時，醫師必須儘快的施行大面積的皮膚及組織割除術，把癌症附近五至十公分半徑內的皮膚以及組織全部切除，才有可能把所有殘留下來的癌細胞全部淸除貽盡。經過這樣的大手術之後，常常皮膚上會留下來比較大一點的疤痕，有時甚至於需要做補皮的手術，才能彌補手術後所造成的畸型。皮膚癌的患者，有時還須要加上放射線治療以及化學治療來預防癌症的再發。

皮膚癌也是一種極可怕的疾病。目前，醫生們認為紫外線、放射線以及慢性的化學或機械性的刺激都與皮膚癌的形成有密切的關係。

為了防止罹患皮膚癌，避免紫外線或放射線的傷害，減少日光浴，或紫外線浴，以及使用高強度的防晒油（SUN SCREEN）都是很重要的事情。

當皮膚癌演化到末期的時候，癌細胞會慢慢的侵襲到肝臟、骨髓，造血組織以及腦神經等等地方。所以如果當開始的時候，沒有小心完全的治癒它，一漫延到末期，也就很困難了。當然，癌症專家們是有更詳盡的辦法來對付它們的，作者就姑且談到此處為止。

廿四、皮膚疤痕的問題

皮膚上面如果有什麼外傷，譬如刀傷、擦傷、燒傷或燙傷等等，都會產生疤痕。這些疤痕會造成兩種問題。第一個問題是外表上的問題，譬如畸型或是不雅觀等等，第二個問題是功能上的問題，譬如四肢上的疤痕，會構成四肢功能的缺陷。臉部疤痕有時會影響到表情功能的不正常等等的問題。

刀傷或擦傷的疤痕，很容易因為疤痕收縮而致使外表畸型。手指上外傷，則由於肌腱的緊縮而可能致成畸型以及功能上的缺陷。有時候，在疤痕的上面更會長出所謂的「疤痕瘤」（Keloid），而使疤痕變成一條很粗而且顏色很重的腫瘤，這個瘤不但樣子不好看，還會一直長大，而且會痛，造成極大的不舒服。

至於燒傷以及燙傷呢，如果是第三度的傷害，那麼最好在受傷後馬上切除傷害過的表皮層，接著施行植皮手術，否則日久之後，整層壞死的皮膚便會產生極為難看的畸型疤痕，而且功能上也會因此受到極大的影響。

一個人的皮膚上面，如果變成畸型了，改正的方法便是疤痕整型手術。利用外科開刀的方法，把原有的疤痕切除，然後利用整型手術的原理，儘可能依照皮膚的自然皺紋線來重新縫合。有的時候還必須經過數次的開刀，才能夠達到預期的目標。

如果疤痕是在臉部的話，那麼變畸型的機會就更多了。為了減少畸型，全層組織轉移術，以及所謂的Z形整容術，V—Y形整容術等等，是常被應用到這個地方來幫助病患的。還有一點十分重要的事情是，儘量以皮膚的自然皺紋來為病人縫合傷口。只要依照皮膚自然皺紋線的方向，就比較不會發生什麼不理想的畸型。

如果這個疤痕也使功能上發生問題的話，就是表示受傷過程當中有肌肉或肌腱組織也同時受到傷害了。想要校正這些問題之前，當然需要極詳細的檢查，確定受傷的部位，然後才能施行開刀，精確的來改正這組織上損傷的病因。待內部的病因都改正了，功能也回復了，然後進一步修改皮膚上的畸型，才比較合乎邏輯。

有些人很不幸的，在疤痕上面，長出了十分難看的瘤腫，它的顏色是黑黑青青的，有時候更會一直長大到原來疤痕的兩、三倍大，而且還會有壓痛感，這就是所謂的「疤痕瘤」了。對於疤痕瘤，現今的治療方法是使用雷射線治療。

治療率雖是百分之百，不過復發率卻是百分之五十五。其他治療疤痕瘤方法是把整個瘤完全切除掉，然後用補皮或組織移轉手術來治療這個留下來的問題。當然這是比雷射治療更複雜一點。

疤痕瘤可以使用皮下注射藥物來使它軟化。打針了之後，還須要壓上矽膠片（SILICON GEL）。使用這種保守性的治療方法，對於有些病例，反而比較適合。作者建議你還是最好跟你的醫師好好商量之後，才做最好的選擇。

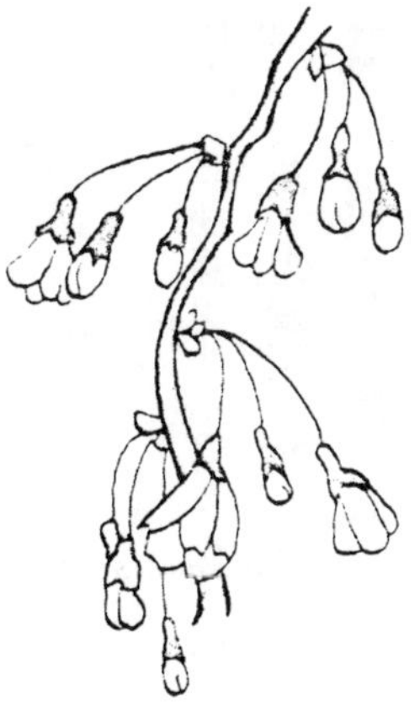

廿五、臀部的美容

臀部的美觀，在一、兩百年前，並不太受到重視。因為當時曲線美並不受重視，而且歐美當時的風尚是提倡高臀部的禮服，或穿著寬裙子的風氣。可是，近幾個世紀的情形就大不相同了，窄裙、束褲、迷你裙、熱褲，樣樣無不標榜著臀部的曲線。無形中，臀部的美容問題，也就受到大家的重視了。

大概講起來，西方人的臀部問題不是太大就是太蹺，而東方人的問題大部分則是太小或是下垂的問題。年輕人找美容外科醫師是為了使臀部變得再高一點或蹺一點，年紀較大的人則大部分是為了下垂的毛病。

臀部裡面是包含著一些極為重要的組織，譬如說，直股肌、四頭股肌、坐股神經、股動脈及股靜脈等等。這些組織到底位於什麼地方，必須在開刀之前就被考慮得清清楚楚了，才可以進一步設計美容外科手術的方法。否則每一個重要組織受到影響了，都會發生不如意的後果。

首先來談一談臀部太大或太蹺的情形，這種情形在黑色人種當中看得最多。情形很厲害時，真是極不好看，無論用怎麼樣的服飾，都很難遮蓋住這種缺點。

一個小姐如果患上了這樣的情形，以往只有靠開刀的方法，開了一條極大的傷口，把多餘的脂肪及表皮拿去，然後拉緊縫合起來。這樣子的開刀方法，技術困難，又費時，出血又多，危險性也比較大，現在已經幾乎被淘汰了。取而代之的，是抽脂肪的方法。

利用脂肪抽除術，醫師們可以分為幾次，把不雅觀的脂肪抽除，然後督促病人勤於運動及按摩，用這樣的方法，也是可以達到與脂肪切除術有異曲同工之效的成果。不過，很重要的一點就是，一定要勤於運動及按摩，而且抽脂的過程普通常須要數次，才能奏效的。

至於臀部太小的病例，目前美容醫師是使用特製的矽膠塊移植來整型的。依照個人需要情形的不同，美容醫師必須先行選擇一塊尺寸大小及形狀適合的矽膠模，然後在臀部一個不明顯而且又不影響到重要器官的部位，開刀裝入這個矽膠塊。手術時間約須六十分鐘，術後一至二個星期，病人即會完全復原，效果奇佳。

以往有很多醫師是使用矽膠囊；最近發現，矽膠囊還是太軟了一點，而且又不經得起坐。現在大部分都改成矽膠塊了，只不過成本費用是比較貴了一點。

臀部下垂症的病人，只有開刀方法才能夠解決這個問題，這種開刀的方法就叫做「臀部提升術」。方法是從兩邊大腿外側，沿著臀部下沿，一直到大腿內側，開了一條大約三十五公分長的割切開口，然後須要差不多三個小時的工夫，把脂肪除去，把皮膚與肌肉重新組合吊上，最後分成三層把重整後的皮膚與肌肉縫上。這種手術，不但費時費力，而且還須要兩、三個星期的時間來恢復，並且又會留下很長的開刀疤痕。不過，臀部如果有厲害的下垂症的話，也唯有使用這種開刀的方法才能夠補救了。

臀部還有一種很有趣的問題，我覺得有值得提出來討論的必要。

常常看到一些比較肥胖一點的人，在他們的臀部或者大腿部的皮膚上面發生一個個窟窿狀的凹進痕跡，這種情形尤其容易發生在臀部或大腿部用力的時候。所以，臀部看起就像橘子皮那樣的，密密麻麻的長滿一個個的凹洞，這種情形，英文叫做CELLULITE（脂肪下凹症）。這種問題，對一個美容外科醫師來講，一直是一個很棘手的問題。

很久很久沒有人知道如何來為病人解決這個問題。一直到最近，美容外科醫師們才發現這種脂肪下凹症的真正成因。原來，在脂肪球之間，我們天生就有很多微細纖維體生長著。這些纖維本來是用來維持脂肪外形的一個欄杆，而這些欄杆為了要有維持外形的任務，往往是穿叉在脂肪之間，而且是從真皮部一直長到肌肉表層的。

如果一個人一旦因長胖的關係，脂肪一直增多，而穿叉在脂肪之間的纖維卻又不會繼續增長。就因為這個原因，這些纖維就被肌肉一直往裡面拉，而使皮膚造成了一個個向下凹入的窟窿，而變了像橘子皮那樣不大好看的樣子。

治療這種毛病的方法是利用一根很細很長的刀子，伸入脂肪的中間，把拉得緊繃繃的纖維一條一條的割斷，當然，如果再加上抽脂手術，把附近太多的脂肪抽除掉的話，這效果就會更好。不過，話說回來，這並不是一個簡單的開刀，治癒率也只有百分之五十而已。

普通作者都事先告訴病人，一定須要經過數次的手術，才能夠慢慢的把這種毛病根治。所以，受術者一定須要有很大的耐心才是。

廿六、手臂部分的美容

許多人常會這麼想，手臂還有什麼美容可談的呢？其實不然，作者就有一個病人這樣告訴我。她在過去的幾十年中，就一直為著她的兩個大手臂而不愉快。

她人雖不胖，不過天生就有一雙很粗的手臂。在我診所裡面，當她把手臂一張開，粗的手臂就跟著垂下來，真的就像一頁大扇子那樣，既不方便，又不好看。她最大的問題是無法穿上一件較合身一點的衣服，也沒有辦法穿有袖子的衣服。一件漂亮衣服，穿在她身上，加上那兩個難看的大手臂，也是不會好看到那裡去的。

這位病人，經過抽脂美容之後，已經跟一般人一樣，各種各式的衣服都可以穿了。

有一些人，手臂的地方皺紋太多了，自然就顯得十分衰老的樣子。有些人手臂太細，不夠強壯感；有些健美先生或是健美小姐，雖然勤於運動，還是無法把手臂鍛鍊到希望的強壯程度。在這些情況下，當然也就只有依靠美容外科的方法來加以改正了。

一個人如果手臂太粗的話，以往只有依靠開刀的方法，在手臂內側割了一個大傷口才能夠達到這個目的。不過，現在大部分美容外科醫師，都是使用抽脂的方法來幫忙解決這個問題。不過，有時還是須要利用開刀的方法來去除多餘的皮膚及脂肪，或者開刀與抽脂兩者並用。

手臂的脂肪抽除術，普通都是從腋下或是上臂的內側開一個一公分大的開刀口，利用抽脂導管把多餘的脂肪抽除。術後病人必須包紮壓力繃帶四至六個星期，這樣便能使手臂部分的皮膚回復到平滑無紋的程度。

至於開刀手術的方法，是只有針對這些有太多皮膚及皺紋的病人了。醫師從上臂的內側切開一條長達二十五公分的丁字形開刀口，然後把多餘的脂肪及皮膚除掉。開刀後，手臂的部分會變成十分苗條，可惜就是在手臂內側永遠留下一條幾乎與手臂同樣長的傷痕，這是唯一美中不足的一點。不過，這傷痕是會慢慢的變得不明顯的。

讀者在考慮開刀之前，也應該要明瞭，在手臂部分的所有傷痕是無法用化粧的技術來加以掩蓋，所以，心理上應該先要有個準備才行。

健美先生與健美小姐們所希望擁有的手臂，是粗壯、有肌肉、具有性格的手臂。這種手臂，唯有利用裝入人造矽膠模才可能達到這個目的。醫師必須先量度精確，預造一個尺寸標準的矽膠模，由腋下開一個四公分大小的傷口，才能夠把這個模型放入。開刀後，病人會有幾個星期的不舒服以及壓脹的感覺，然後便慢慢的回復自然了。

手臂的美容，還在方興未艾的過程，說不定幾年之後又會有什麼新花樣出現也不一定，那時，作者一定會馬上向您報導的。

廿七、女性化乳房症

一般女性都希望她們的乳房豐滿，彈性充足，性感畢露。不過，男性就剛剛相反了，除非特殊性嗜好者之外，沒有一個男人希望他們的乳房長得太大，腫腫的、肥肥的，怪不舒服，也不希望他們的乳頭長得太大或太敏感了。如果男人患了這個毛病，便叫做女性化乳房症（Gynecomascia）。

男人發生女性化乳房的時期，普通可以分為兩個時期。

第一個最常發生的時期就是青年時期。在這個時期，最主要的發生原因是因為女性賀爾蒙產生過剩的關係。

這個時期的青年男士普通是在高中時期，在他們的體內，無論男性或女性賀爾蒙都生產的很多，這當然是為了進入成年人時期舖路的。所以，他們因為產生了許多男性賀爾蒙而造成了聲音沙啞而低沈，也會因為太多的女性賀爾蒙而發生了女性化乳房的問題。這些病人大多不敢向人啟口，因為怕別人嘲笑。又因為怕人譏笑，他們不敢做一些必需暴露胸脯的運動，譬如游泳、潛水，甚至於在澡堂洗澡等等。許多中學生也不敢上體育課，因為深怕被他人碰到了，疼痛不堪。

另一個發生女性化乳房症的時期是在老年期。普通是因為他們服用藥物來控制男性賀爾蒙的產生（這常常是因為攝護腺肥大症或是攝護腺癌症的緣故），或是使用女性賀爾蒙所致。這一類病人，普通嗓子會慢慢的變得高而尖銳，男性性器官也會發生退化的現象。

另外還有一類的病人，是因為腹部脂肪抽除之後而發生了乳房肥大症。具調查的報告，無論男性或女性在抽脂手術之後，十分之一的人乳房會慢慢的肥大起來。這個問題是最近數年來，自從抽脂手術暢行了之後才發現的。目前，因為真正發生原因還不知道，所以，要如何預防其發生，到現在為止，還不大清楚。

如果一個病人是因為年老期所發生的女性化乳房的話，這是可以因為藥物中斷了之後而慢慢痊癒的。不過，青年期的女性化乳房症就不是那麼簡單了。

這種病症，如果不是太厲害的話，普通經過兩年至四年之後，是會慢慢變好，不過如果症狀太厲害了，那麼就非開刀不行。以往的開刀方法是由乳房切了一個大大的開刀口，然後進去把所有的乳房組織除去。開刀完後，會留下一條很長的疤痕。

現在醫師們大都使用脂肪抽除的原理。我們可以使用一根特殊製造的鋼管，由乳頭部分一個一公分大的開刀口進入，把所有肥腫的乳房組織抽除迨盡。使用抽脂的方法雖然比開刀的方法困難一點點，可是留下的疤痕很小，應該是一個比較好的方法。

如果乳房肥大是因為腹部抽脂之後才引起的話，治療的方法也是使用抽脂手術就行了。許多女性病人，反而希望她們在腹部抽脂後能有這個副作用發生，這不就可以得到一石兩鳥的效果了嗎？不過，目前我們是無法預知到那一位會發生這種副作用以及乳房肥大程度。

抽脂後乳房增大的消息傳出後，女性病人要求腹部脂肪抽除的病人是越來越多的，我想這中間是有一點醉翁之意不在酒的味道在內。不過腹部脂肪抽除了，肚皮平坦了，又同時胸部健美起來了，一舉兩得，何樂而不為呢。

廿八、腹部的另一種畸型──疝氣

很多人不知道「疝氣」到底是什麼東西，其實「疝氣」就是所謂的「垂腸」。所謂「疝氣」「垂腸」，就是在腹部的裡面一個包含著內臟的肌肉層裡邊，產生了一個破洞。這個破洞可能是因為先天性引起的，可能是因為用力過猛或是太胖而引起的，也可能由於開刀之後復合不全而引起的。

這個破洞一產生，就無法完全包住所有的內臟。所以，一些腸子、腸膜或是其他的內臟如卵巢或腔內脂肪等等，就會順著這個洞孔跑到腹腔的外面來。這些腸子或內臟要從這個小洞跑出來是比較容易一些，不過跑出來之後，就會開始水腫、脹大，所以，要想再溜回去腹腔內就困難了。因為無法再回到腹腔，就會造成腹部的畸型，而且還會覺得疼痛，有時會產生腸子及內臟的壞死，而演變成極其危險的生命危機。

有一些人，這個疝氣的孔洞開得很大，所以腸子及內臟可以由這開洞自由出入，來去自如。這般人雖然較少機會造成腸子壞死的危險，不過反反覆覆暫時性的腸阻塞症及腸疼痛是會常常發生的。每當腸子或內臟跑到腹腔的外面時，就會跟著發生了極明顯的變形，而產生十分難看的外形。所以說，疝氣如果不治療，不開刀把這個孔洞堵住的話，腹部的畸型就無法改進。這也就是我們要在美容外科提到「疝氣」問題的原因了。

最常見發生疝氣的地方是在鼠蹊部。小孩從離開母體到兩歲左右的年齡，每十個就有一個有陽性的或隱性的鼠蹊部疝氣症。這些小孩當中的一半只是隱性的，他們在兩歲左右就自然痊癒了，剩下的那一半小孩子，則需要醫師開刀治療。

一些年老的人，也時常會發生鼠蹊部的疝氣，他們這些疝氣是屬於洞口開得相當大的那一種。因為他們疝氣的成因大部分都是因為鼠蹊部分肌肉衰竭所引起的，開刀也是唯一可以使他們復原的方法。

另外一種疝氣叫做外傷性的疝氣。這是因為外傷或者是腹部開刀手術之後，已經縫合的肌肉層再度暴裂開來，而產生「外傷疝氣」或「術後疝氣」。這一類的病人，也是須要外科治療來幫他們復原。肥胖的人也比較容易發生疝氣，這種疝氣的發生，主要是因為肥胖了，腹內壓力增大的原故。

另外還有一些比較不平常一點的疝氣，譬如肚臍附近疝氣、股動脈旁疝氣、食道旁疝氣及橫隔膜疝氣等等，樣樣都需要醫師診斷及治療才可。

如果你發現咳嗽或肚子用力時，在腹部或是肚臍附近，有一個圓球狀的鼓起，這個鼓起的軟球，很多人都以為肌肉或脂肪，其實很可能是疝氣的徵兆，最好找醫生為你檢查一下。如果你正好想請醫生為你做抽脂肪手術或其他的腹部手術，那就非告訴醫生不可了，因為如果醫師不知道你有疝氣，他很有可能會傷害到你的腸子或內臟，那就會弄巧成拙，徒然增加很多無畏的麻煩。

至於開刀的方法，是從疝氣的附近切開進入，把疝氣好好的與皮下組織分離，然後找出肌肉的開洞口，那就是發生疝氣的地方，一面把腸子及內臟推壓進入腹腔裡面，一面把這個肌肉的缺口縫合起來就是了。開刀之後，病人應該好好的休息，這當然要包括精神上及生理上的休息。術後，病人不可以太早回復太用力的活動，因為太早用力，容易導致疝氣的再發。想要修補再發性的疝氣，就比較困難。

疝氣修補完之後，腹部的畸型也就會消失不見了，而且那些因為疝氣所產生的疼痛，也會隨著消失迨盡的。

廿九、小腿部分的美容

小腿部分需要美容外科醫師幫忙的，不外有下列幾種情形：

*第一是小腿太大，需要美容外科手術來改正，使它變小。

*第二是小腿太小，需要利用手術方法來使它變大。

*第三種情形，是在小腿上面，長滿了靜脈瘤或是蜘蛛網狀的血管瘤，而造成了外觀上的不雅，有時還會不時引發疼痛。

讓我們先來談一談有關小腿太大、太粗的問題吧。小腿長得太大、太粗，其實是不大好看的。有人稱之為「蘿蔔腿」。想把蘿蔔腿美化，目前最被接受的方法，就是利用脂肪抽除手術的方法。在膝窩的地方切了一個很小的開口，使用一根細鋼管，接上二十磅的吸力，可以把一些藏在皮膚與肌肉之間的脂肪抽除去。經過這個手術之後，小腿便可在幾個月之後，變成修長而漂亮。在小腿地方抽脂比起在身體其他部分的抽脂來得比較痛一點，因抽脂的地方比較接近運動肌肉的地方之故。對於小腿這個部分的抽脂，反而東方人比西方人較為有興趣，也許因為美國人他們有蘿蔔腿問題的人不太多的原故吧。

其次的問題，就是小腿太小而需要加粗的情形了。這就是普通的所謂「厝鳥腳」或是「竹子腳」的問題了。這樣子的小腿，也是很不好看的。對這個問題的美容方法是從膝窩部分，開一條三公分長的開刀口，由此裝入一塊軟性的矽膠模，以此來增大小腿腿肚的半徑。

近年來，有一些美容外科醫師，利用脂肪移植的方法，將從大腿或腹部抽出的脂肪，經過特殊方法處理之後，移植放入小腿的部分，來達到增大小腿的目的。

使用脂肪移植方法，好處就是開刀口很小，比較不會留下難看的疤痕，而移植的脂肪，是受術者自已本身的東西，不必擔心會發生異體排斥反應的現象。不過它的缺點就是必須移植數次，才能夠達到所希望的目標。目前，這兩種手術方法都同時被醫師們採用著，所以，病人可以在兩者之間選其一而行了。

至於腿上長靜脈瘤，或是蜘蛛網狀血管瘤的病例，目前我們大部分是使用注射的方法來進行。所謂打針注射的方法，就是利用一種很溫和的血管壁刺激劑（作者現在使用的是高濃度的鹽水）直接打入畸型的血管內，使這些血管在短期間之後就凝固起來；因為這些小血管的凝固，裡面的血液就沒有了；裡面血液一消失，血管的畸型外貌也就跟著消失了。

使用這種打針注射的方法，十分簡單，而且病人也不必像使用開刀方法那樣，需要長時間的休息，而且效果也是很顯著的。普通每個人都需要幾次注射治療過程，而且在治療過程當中，病人還需要穿著緊身褲襪，來防止血管瘤的惡化。只要遵照醫師的囑咐，一般預期的效果，都是十分肯定的。

小腿部分還有一些其他的美容問題，譬如腿上長瘤，或是腿上有一些難看或畸型的疤痕等等。如果你在腿上有個腫瘤，必須割除時，必須考慮到是不是手術了之後，會造成難看畸型的疤痕，而且這些疤痕不但不好看，有時更會造成功能上的缺陷。如果不幸腿上因為以前的外傷或開刀，已經有了畸型的疤痕了，那麼進一步應該考慮的就是如何利用美容外科的技巧，來把這個畸型的疤痕改變成一個比較好看一點的傷口，甚至於讓它消失掉。

目前所使用的方法，不外是疤痕內注射藥物來軟化難看而隆腫的疤痕瘤，疤痕再整手術；或者是利用雷射、電灼或化學磨皮的方法，來消失疤痕等等。

讀者如果有這些問題時，最好是親自請醫師檢查一下，然後與醫師詳細研究一個最可靠的方法，來改正這些不雅的疤痕。

三十、畸型耳朵——招風耳的問題

所謂招風耳，就是耳朵長得太挺、太向前了，這樣子兩片耳朵就會變得很明顯、難看，有一點點像大象的耳朵，可以用來擋風，也可以用來扇風，就好像一對風扇子似的。這樣子的耳朵，當然不好看，沒有一個人希望有這麼樣的耳朵。尤其小孩子在學校時，如果有這樣子的耳朵，就一直會被同學取笑，更而因此引起小孩子的自卑感等等。所以，一個人如果有了招風耳，就應該早一點想辦法把它改正過來。

招風耳普通可以分為三個程度，這是依照後耳部與後腦部所形成的角度大小來區分的。正常這個角度應該是在十五度之內，如果超過十五度就有招風耳的毛病了。如果這個角度是十五度到三十五度之間，那就是輕度招風耳畸型症；三十五度到六十度之間，是中度招風耳畸型；六十度到九十度，則為重度畸型了。

招風耳畸型可以使用美容外科的手術方法加以改正。開刀時必須在耳前部或是耳後部開一個切口進入來做整形手術。作者本身比較喜歡使用在耳部後面開刀進入的方法，因爲這樣子，術後的疤痕才不會太暴露，隱藏在耳朵後面，而且頭髮也可以蓋上了一部分，美觀上比較有優點。從開刀的切口進入之後，耳廓與後腦部接合的肌肉及肌腱必須先行分離，然後把部分的皮膚及軟骨切除，部分的軟骨還須要整形，然後才把傷口再行縫合起來。

術後，醫師通常要病人使用特殊的繃帶數天來固定耳朵，使它不再回復原形，縫合線是七天至十天之後才拆除。

這種開刀手術，術後效果普通都是十分令人滿意的。受術者應該先找醫師看一下，仔細的量度一下，才能有個大體的概念；也必須明瞭術前術後的一切情形，包括需要幾天的休息，紗布必須包紮幾天，術後耳朵是不是會變成你所希望的情形……等等，然後綜合這些資料才來考慮是否接受這個手術。

另外，術後的保養，也應該必須瞭解清楚，才不會在手術之後造成束手無策的情形。

卅一、畸型耳朵——附屬耳朵的問題

常常看到有些人在正常耳朵的前面或是後面，再多長出一個或是數個小耳朵狀的東西。其實這真的是裡面附有軟骨的變體耳朵，沒有形狀的小型耳朵就是了。有這種問題的小孩子，在求學時期就很不好過了，常常遭人譏笑、欺負，往往因此會造成小孩子的自卑感、逃學或是特殊的變態心理。成人之後，在社交的場所上，也常常會被朋友，甚至親戚嘲笑，時常以此為笑柄，甚至於還更替你加上了一個難聽的綽號呢。

今天，進步的醫學，對解決這種問題，是輕而易舉的。醫生們可以使用雷射或開刀的方法，把這些多餘的構造包括軟骨在內，一起除掉。當然，最重要的是必須小心請教醫生不要留下來太顯目或者是畸型的疤痕。

因為附屬耳朵畸型，最多見是長在耳朵的前面，所以醫生們必須小心考慮使用一種不產生太大疤痕的方法，而且也應該考慮儘量順合自然的生理皺紋線來進行手術。如果依照以上的原理來處理這一種畸型，普通手術之後，一切情形都會相當理想的了。

卅二、嘴唇的問題

嘴唇長得太厚了，或太薄了，這都會使人上門找美容醫師來幫忙。對這個問題，現在我們可以利用美容外科的方法來治療。

對於嘴唇長得太厚的人，美容外科醫師，必須在嘴巴裡面的嘴唇黏膜上做一個切入口，把多餘的皮下脂肪及皮下組織包括多餘的嘴唇黏膜一起除去，縫合了之後，每一個人都會有將近一個月的時間不舒服以及十分厲害的腫脹，而且剛剛開完刀之後，上下嘴唇都會覺得痲痲的，吃東西也會覺得疼痛及不舒服。

所以每一個想要做這種手術的人，都應該好好的瞭解這些術後可能發生的事情，好好的做好心理準備，才可以考慮進行這項手術。

至於嘴唇太薄想要加厚的人，那方法便更多了。

第一種方法是在鼻子底下拿去一部分皮膚，然後把上唇拉上來加厚上唇的厚度。下唇呢？則必須在下唇裡面開口，來放鬆下唇的緊張性。普通醫生們都不太喜歡使用這種方法，主要因為開刀之後，腫脹及疼痛的時間很長的緣故。

第二種方法就是在嘴唇裡面加入塡加物，來使上、下唇加厚。最多使用的塡加物就是脂肪移植了，醫師們把從大腿或腹部取出的活脂肪細胞，利用針筒打入上、下嘴唇的部分。使用這種方法，簡單而且有效，腫脹的時間也比較短，可是脂肪在幾個月之內，一定會減少一部分，到那個時候，追加移植是必須的。

有些醫師，從腹部或其他的身體部位拿出一片條狀的皮下組織，以此直接移植到上、下嘴唇的皮下脂肪層部分，以此來加厚嘴唇。

另外有一些人，希望把嘴唇變成不同的形狀，最受歡迎的一種形狀就是心型嘴唇。

醫生能夠在嘴唇的內部黏膜上開一個小小的傷口，由這裡把一些皮下組織去除，然後加上一些特別的整形縫合，便能夠把你嘴唇變成心型。這種手術簡單而且有效，副作用又不大，有這種需要的人可以放心的去做了。

卅三、青春痘的問題

青春痘是一個相當普通的疾病。全美國今天還接受醫生治療的青春痘病人是一千七百萬人，看看這個數目字多可怕啊。從另一個方向來統計，百分之八十五的人，在他們的年齡十二歲至二十五歲當中，都有患過青春痘的經驗。而這當中是男性病人比女性病人多一點點。

青春痘發生的原因有許多，歸類起來有以下的幾個原因：

*第一：**是體質的問題**。這個原因也跟遺傳有一點關係。父母親遺傳給我們一副油性的體質，那麼，產生青春痘的機會就比較多一點，因為油質皮膚，很容易積存油垢，然後進一步把皮脂孔堵塞住了，就產生青春痘的發炎。

*第二：**皮膚的清潔問題**。皮膚裡面有許許多多的腺體，譬如汗腺、皮脂腺……等等。這些腺體是不時的分泌東西出來的。而我們的皮膚又是處於我們人體的最表面，與外界時時在接觸，一些塵垢、細菌等等，很容易落在皮膚上就黏在那裡不動了。

這麼一來，如果我們不用足夠強力的清潔劑去洗它，或者是清洗得不夠乾淨，那就慘了，

「青春痘」一定會光臨的。

＊第三：與體內的男性賀爾蒙分泌有關。從很久以前，醫生已經知道，青春痘可能跟男性賀爾蒙有關係。因為春春痘常常長在年輕的男孩子臉上或身上；女孩子如果也長青春痘時，她們常常在月經要來以前的一個星期開始最厲害，還有一些女孩子服用避孕丸也因其含有少量的男性賀爾蒙，女孩子服用這種避孕藥丸的也比較容易長青春痘。這段段的事實，就是證明說，男性賀爾蒙是會助長青春痘發生的。因為男性賀爾蒙不但可以增進皮脂腺的分泌，使皮膚上產生更多的脂肪，而且男性賀爾蒙還會促進腺體細胞的增生及角質細胞發育。腺體細胞的增生，不僅會產生更多的腺體分泌，而且生長過剩的腺體，就會發生腫瘤，這就「青春痘」了。

另外，角質層的發育太過昂進，更會使皮脂腺的排出口受阻塞，進而變成由皮脂腺積存起來的腫瘤以及發炎的膿疱了。

＊第四：由於暴露在太強的陽光下所引起。暴露太久或暴露在太強的陽光下，最主要的傷害有二：第一是熱能會使汗腺及皮脂腺分泌增加；第二是紫外線會刺激腺體細胞增生，而直接影響到青春痘的發生。

＊第五：因為皮膚保養不週到所引起的。皮膚如果沒有好好的保養，表面皮膚時常受到不同化學藥物，如酸性或鹼性物質或者是機械性的傷害，如外傷或割傷等等，以及溫度的傷害如燙傷或凍傷等等。這些外傷都可能刺激表皮層，傷害皮膚的腺體，而且還會使角質層增生及畸型，因為這樣，最後的成果就是「青春痘」的增生了。

＊第六：是由於食物的關係。一個人如果不注意飲食，一直不限制的食用大量油炸物、高脂肪物質或者花生及巧克力一類的東西，他的皮脂腺也會因此而增加分泌，所以，飲食也是造成「青春痘」增生的一個原因。

我們現在已經知道什麽原因，使我們長「青春痘」，其次讓我們討論「青春痘」到底對我們的皮膚造成怎麽樣的傷害。

我們皮膚表層裡面，本來就有許多腺體，比較重要的兩種腺體是汗腺及皮脂腺，這兩種腺體還不時分泌汗液及皮脂液，這些液體再慢慢從腺體的管口排出來。在表皮層內，我們還有許多毛囊，一個毛囊長一根毛，這根毛是從表皮的毛孔長出來的。

有一天，如果汗腺、皮脂腺或毛孔的出口，被污垢或是什麽髒物堵塞住了，那麽我們就會長「青春痘」，這些「青春痘」，會分成幾種不同的現象表現出來。

第一種形態就是「白痘」，這是因為皮脂腺體增生而出口又被皮垢完全阻塞住所引起的。

第二種形態叫做「黑痘」，這是皮脂腺增生成一個痘狀，而在它的外面又沒有皮膚蓋上，所以這個青春痘長成熟了就變成黑色，故以之得名。

第三種形態是「發炎痘」或「紅痘」，這是因為青春痘本身開始發炎了，所以整個痘痘就長得紅紅的。

第四種形態是「膿狀痘」，這是在發炎的演進期，整個青春痘都變成小膿疱了。

第五種形態是「硬塊、瘜室痘」，這是在青春痘演變末期，整個青春痘再加上附近的組織一起變成一個硬塊或瘜室的形態。

第六種也是最後的一種就是「疤痕痘」。皮膚經過了發炎、膿包之後，就會產生凹凸不平的疤痕，這些疤痕的形狀及大小又是個個不同，所以這種由青春痘留下來的皮膚，瘡疤累累，就相當不好看。

其次，讓我們來談一談，對於青春痘的問題，我們應該如何來治療它呢。一個醫生想要治療青春痘，必須考慮到這個病人現在所罹患的青春痘是處在那一個階段，而且也要考慮到這個病人本身的特殊問題及特殊的體質等等情形。譬如說，一個天天需要上班的人，在治療的方法上，就應該儘量選擇內用藥，及不會太影響外觀的治療方法。如果是一個學生，那麼醫生便可以選一個可以有兩、三天假的日子，好好的來一次皮膚大整頓，把白痘、黑痘都一起擠壓出來，把發炎痘或膿疱裡面的膿疱通通引流出來；經過這麼一次大清除，往往會使病情進步得很快。

另外，有些人產生青春痘的原因，最主要是因為飲食不對，或者服用特殊的賀爾蒙，或者是在日光下曝晒太厲害的緣故，這些情形，醫生應該發現到，而且依各人情形不同安排出改進的方法，這樣子才能徹底防制青春痘的再生或者惡化。

對於「白痘」及「黑痘」的病人，其治療方法，是把皮下的痘子排除出來。醫生可以使用無菌的技術，把痘痘子擠壓出來，或者可以使用外敷藥物，把壓蓋痘子的局部皮膚磨穿，使痘痘子自動排出來。

這一段時期的治療過程當中，特別要小心的就是不要使痘痘子感染發炎。另外有一點就是外敷的藥膏，有時會使皮膚受到更厲害的刺激而造成發紅、發炎的現象。在進行這種治療中的病人，如果發生任何此類現象，就應該馬上告訴醫生，好讓他做適當的處理。

對於長滿「紅痘」及正在發炎的病人，醫生的治療方法當然就是抗生素了。抗生素可以利用口服或使用肌肉注射的方法。局部地方，也應該塗用清洗皮膚的軟膏及消炎軟膏。有時，醫生也可能在每一顆紅腫的痘痘裡面打激素，利用這些激素可直接把「紅痘」消腫掉。

對於「膿痘」的治療，除了服用抗生素之外，就是直接把膿包引流出來。引流膿包並不是一種困難的事情，不過這些膿痘，以後常會留下疤痕，我們的經驗是早一點把「膿痘」引流，就比較不會留下太難看的疤痕。

對於「硬塊痘」，醫生的處理方法是局部注射激素來消腫。這些頑固的硬塊瘤，有時需要兩次或三次的注射才能夠使它軟化及慢慢消失掉。

至於「疤痕痘」的處理方法就不少了，不過沒有一樣是百分之百的有效。有的醫師主張利用磨皮或脫皮的方法，來處理這些凹凸不平的疤痕。這應該是比較徹底的一種方法，醫師可以使用機械磨皮，也可使用化學脫皮或雷射脫皮……等等，原理無非是把凹凸不平的表皮脫去，而讓新皮膚再重新長出來。這個理想聽起來是滿好的，不過對東方人的一個勸告是最好不要嘗試，因為東方人是有色人種，百分之二十的東方人，脫皮或換皮之後的新皮膚會變成黑斑滿滿的，而成為更難看的樣子。也有一些人（差不多百分之五的人），脫皮之後會產生很厚、很厲害的疤，這也是需要小心的。

另一種對付很深的疤痕的方法就是一個一個的，把凹入很深的疤痕一一去除，然後一一用極細的線縫起來，這是一種可以行得通的辦法，而且也真的不會留下太難看的疤痕。不過只適用於很深的疤痕痘。

有時我還加上一個治療，那就是把一個一個的凹下傷痕打入塡充劑來塡平它。

最後一種方法就是使用脫皮軟膏，天天擦，天天有小小的脫皮，天天在換膚。當新皮膚長出來之後，凹凸不平的疤痕就會慢慢長平了。這一種治療方法是一定有效的，不過須要很大的耐性。藥膏必須要天天擦，而且白天必須要擦防晒油來保護皮膚，須要繼續使用幾個月之後才可以看見效果。

總之，青春痘是一種很平常的疾病，處理的正確與否，將會操縱整個病況的後果。青春痘是一種病群，它可以在不同的時期，表現出不同的症狀，也因為病況的不同，治療的方法也各有異。作者簡短的將整個病情，在本文中分析出來，希望這篇文章能夠給讀者們帶來一些幫忙與助益。

卅四、對男性的最新貢獻——陰莖脂肪移植術

從專家統計的報告，二十分之一的男性有性器官太小的毛病。有這種毛病的人當中，三分之一患有性無能或性冷感症，這些問題當然也會因此而導致離婚或者婚姻失敗的慘劇。對於性器官萎縮症，以往的治療方法有以下的幾種方法：

＊第一：藥物治療

利用口服或者肌肉注射的方法，使用男性賀爾蒙及生長激素，來增長男性性器官。這種方法，是最常被使用，而且也是最沒有一定效果的一種方法。雖然今天在市場上有成百的不同中西藥品，可是沒有一種真正有效，而且沒有一種真正沒有副作用的藥物被發現。

＊第二：局部注射藥物的方法

醫生已經發現一種本來用來治療血壓的藥物，把它注射在陰莖上面，可以使陽器繼續保持堅強有力達一個小時之久。不過，這並不是一種好的方法，因為它是暫時性的，而且使用又不方便，常常使用它也會造成許多危險的副作用。

＊第三：裝入矽製假陰莖

這是一種比較進步一點的方法，幾年前已經被全美家庭醫生協會及泌尿科協會公認為最切合實際的一種陽萎治療方法。不過這個方法也有許多壞處。一、必須利用開刀方法來裝入假陰莖；二、裝入之後，不使用時會覺得十分尷尬及不方便。所以，經過這種開刀後的人，再要求把假陰莖去除的人，也是大有人在。

＊第四：使用物理治療方法

病人使用一套簡單的機器，套在陰莖上面，利用斷斷續續的負壓吸力，可以慢慢使陰莖增長。用這種方法，改進病情的例子很多，治療而痊癒的病例卻沒有，而且病人不照醫生的指示使用，弄巧成拙的例子時時可見，經過一段時間不使用，還是會回復原狀的。

＊第五：裝入最新的人造陰莖系統

這是目前最進步、最完全的一種系統。整套系統很複雜，十分昂貴而且還需要經過一個十分困難的開刀，裝入了之後又要經過一段複雜的訓練，病人才能夠得心應手的使用這套新設備。

一九九一年開始，在佛羅里達州的美容外科醫生，把脂肪移植手術引進用來使陰莖加長。換句話說，醫生們可以在半個小時之內，把一些脂肪從腹部或大腿取出，經過一些簡單的處理程序之後，便可以直接注入陰莖裡面，以使陰莖加長及加大。

這是一種極新的嘗試，根據發現醫生的報告，他的四百多個接受上項手術的病人，目前都在享受此項手術之功，副作用極少，手術費用低，相信在今後幾年中，這種手術是會更形普遍的。到時，對所有患上此疾的男士，將是一個天大的福音。

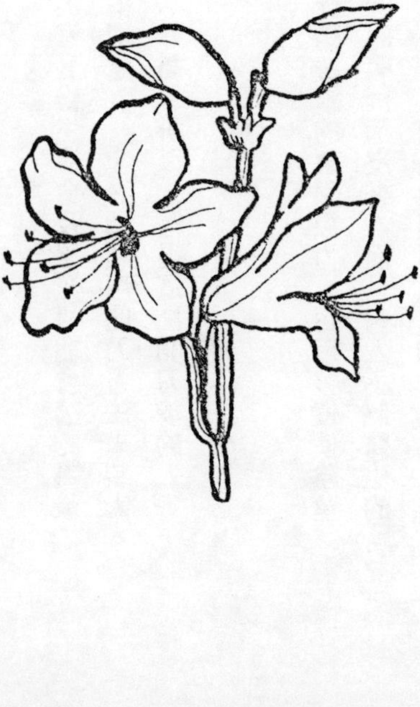

大展出版社有限公司	圖書目錄

地址：台北市北投區11204　　電話：(02) 8236031
　　　致遠一路二段12巷1號　　　　　　8236033
郵撥：0166955～1　　　　　傳眞：(02) 8272069

•法律專欄連載•電腦編號58

台大法學院 法律學系／策劃 法律服務社／編著

①別讓您的權利睡著了[1]	180元
②別讓您的權利睡著了[2]	180元

•趣味心理講座•電腦編號15

①性格測驗1	探索男與女	淺野八郎著	140元
②性格測驗2	透視人心奧秘	淺野八郎著	140元
③性格測驗3	發現陌生的自己	淺野八郎著	140元
④性格測驗4	發現你的真面目	淺野八郎著	140元
⑤性格測驗5	讓你們吃驚	淺野八郎著	140元
⑥性格測驗6	洞穿心理盲點	淺野八郎著	140元
⑦性格測驗7	探索對方心理	淺野八郎著	140元
⑧性格測驗8	由吃認識自己	淺野八郎著	140元
⑨性格測驗9	戀愛知多少	淺野八郎著	140元

•婦幼天地•電腦編號16

①八萬人減肥成果	黃靜香譯	150元
②三分鐘減肥體操	楊鴻儒譯	130元
③窈窕淑女美髮秘訣	柯素娥譯	130元
④使妳更迷人	成　玉譯	130元
⑤女性的更年期	官舒姸編譯	130元
⑥胎內育兒法	李玉瓊編譯	120元
⑦愛與學習	蕭京凌編譯	120元
⑧初次懷孕與生產	婦幼天地編譯組	180元
⑨初次育兒12個月	婦幼天地編譯組	180元
⑩斷乳食與幼兒食	婦幼天地編譯組	180元
⑪培養幼兒能力與性向	婦幼天地編譯組	180元
⑫培養幼兒創造力的玩具與遊戲	婦幼天地編譯組	180元

⑬幼兒的症狀與疾病　婦幼天地編譯組　180元
⑭腿部苗條健美法　婦幼天地編譯組　150元
⑮女性腰痛別忽視　婦幼天地編譯組　130元
⑯舒展身心體操術　李玉瓊編譯　130元
⑰三分鐘臉部體操　趙薇妮著　120元
⑱生動的笑容表情術　趙薇妮著　120元
⑲心曠神怡減肥法　川津祐介著　130元
⑳內衣使妳更美麗　陳玄茹譯　130元
㉑瑜伽美姿美容　黃靜香編著　150元

・青 春 天 地・電腦編號17

①A血型與星座　柯素娥編譯　120元
②B血型與星座　柯素娥編譯　120元
③O血型與星座　柯素娥編譯　120元
④AB血型與星座　柯素娥編譯　120元
⑤青春期性教室　呂貴嵐編譯　130元
⑥事半功倍讀書法　王毅希編譯　130元
⑦難解數學破題　宋釗宜編譯　130元
⑧速算解題技巧　宋釗宜編譯　130元
⑨小論文寫作秘訣　林顯茂編譯　120元
⑩視力恢復！超速讀術　江錦雲譯　130元
⑪中學生野外遊戲　熊谷康編著　120元
⑫恐怖極短篇　柯素娥編譯　130元
⑬恐怖夜話　小毛驢編譯　130元
⑭恐怖幽默短篇　小毛驢編譯　120元
⑮黑色幽默短篇　小毛驢編譯　120元
⑯靈異怪談　小毛驢編譯　130元
⑰錯覺遊戲　小毛驢編譯　130元
⑱整人遊戲　小毛驢編譯　120元
⑲有趣的超常識　柯素娥編譯　130元
⑳哦！原來如此　林慶旺編譯　130元
㉑趣味競賽100種　劉名揚編譯　120元
㉒數學謎題入門　宋釗宜編譯　150元
㉓數學謎題解析　宋釗宜編譯　150元
㉔透視男女心理　林慶旺編譯　120元
㉕少女情懷的自白　李桂蘭編譯　120元
㉖由兄弟姊妹看命運　李玉瓊編譯　130元
㉗趣味的科學魔術　林慶旺編譯　150元
㉘趣味的心理實驗室　李燕玲編譯　150元
㉙愛與性心理測驗　小毛驢編譯　130元

㉚刑案推理解謎	小毛驢編譯	130元
㉛偵探常識推理	小毛驢編譯	130元
㉜偵探常識解謎	小毛驢編譯	130元
㉝偵探推理遊戲	小毛驢編譯	130元
㉞趣味的超魔術	廖玉山編著	150元
㉟		

•健 康 天 地• 電腦編號18

①壓力的預防與治療	柯素娥編譯	130元
②超科學氣的魔力	柯素娥編譯	130元
③尿療法治病的神奇	中尾良一著	130元
④鐵證如山的尿療法奇蹟	廖玉山譯	120元
⑤一日斷食健康法	葉慈容編譯	120元
⑥胃部強健法	陳炳崑譯	120元
⑦癌症早期檢查法	廖松濤譯	130元
⑧老人痴呆症防止法	柯素娥編譯	130元
⑨松葉汁健康飲料	陳麗芬編譯	130元
⑩揉肚臍健康法	永井秋夫著	150元
⑪過勞死、猝死的預防	卓秀貞編譯	130元
⑫高血壓治療與飲食	藤山順豐著	150元
⑬老人看護指南	柯素娥編譯	150元
⑭美容外科淺談	楊啟宏著	150元
⑮美容外科新境界	楊啟宏著	150元

•實用心理學講座• 電腦編號21

①拆穿欺騙伎倆	多湖輝著	140元
②創造好構想	多湖輝著	140元
③面對面心理術	多湖輝著	140元
④僞裝心理術	多湖輝著	140元
⑤透視人性弱點	多湖輝著	140元
⑥自我表現術	多湖輝著	150元
⑦不可思議的人性心理	多湖輝著	150元
⑧催眠術入門	多湖輝著	150元

•超現實心理講座• 電腦編號22

①超意識覺醒法	詹蔚芬編譯	130元
②護摩秘法與人生	劉名揚編譯	130元
③秘法！超級仙術入門	陸　明譯	150元

④給地球人的訊息	柯素娥編著	150元
⑤密教的神通力	劉名揚編著	130元

•心 靈 雅 集•電腦編號00

①禪言佛語看人生	松濤弘道著	150元
②禪密教的奧秘	葉逯謙譯	120元
③觀音大法力	田口日勝著	120元
④觀音法力的大功德	田口日勝著	120元
⑤達摩禪106智慧	劉華亭編譯	150元
⑥有趣的佛教研究	葉逯謙編譯	120元
⑦夢的開運法	蕭京凌譯	130元
⑧禪學智慧	柯素娥編譯	130元
⑨女性佛教入門	許俐萍譯	110元
⑩佛像小百科	心靈雅集編譯組	130元
⑪佛教小百科趣談	心靈雅集編譯組	120元
⑫佛教小百科漫談	心靈雅集編譯組	150元
⑬佛教知識小百科	心靈雅集編譯組	150元
⑭佛學名言智慧	松濤弘道著	180元
⑮釋迦名言智慧	松濤弘道著	180元
⑯活人禪	平田精耕著	120元
⑰坐禪入門	柯素娥編譯	120元
⑱現代禪悟	柯素娥編譯	130元
⑲道元禪師語錄	心靈雅集編譯組	130元
⑳佛學經典指南	心靈雅集編譯組	130元
㉑何謂「生」　阿含經	心靈雅集編譯組	130元
㉒一切皆空　般若心經	心靈雅集編譯組	130元
㉓超越迷惘　法句經	心靈雅集編譯組	130元
㉔開拓宇宙觀　華嚴經	心靈雅集編譯組	130元
㉕真實之道　法華經	心靈雅集編譯組	130元
㉖自由自在　涅槃經	心靈雅集編譯組	130元
㉗沈默的教示　維摩經	心靈雅集編譯組	130元
㉘開通心眼　佛語佛戒	心靈雅集編譯組	130元
㉙揭秘寶庫　密教經典	心靈雅集編譯組	130元
㉚坐禪與養生	廖松濤譯	110元
㉛釋尊十戒	柯素娥編譯	120元
㉜佛法與神通	劉欣如編著	120元
㉝悟（正法眼藏的世界）	柯素娥編譯	120元
㉞只管打坐	劉欣如編譯	120元
㉟喬答摩•佛陀傳	劉欣如編著	120元
㊱唐玄奘留學記	劉欣如編譯	120元

㊲佛教的人生觀	劉欣如編譯	110元
㊳無門關（上卷）	心靈雅集編譯組	150元
㊴無門關（下卷）	心靈雅集編譯組	150元
㊵業的思想	劉欣如編著	130元
㊶佛法難學嗎	劉欣如著	140元
㊷佛法實用嗎	劉欣如著	140元
㊸佛法殊勝嗎	劉欣如著	140元
㊹因果報應法則	李常傳編	140元
㊺佛教醫學的奧秘	劉欣如編著	150元

•經 營 管 理•電腦編號01

◎創新經營管理六十六大計（精）	蔡弘文編	780元
①如何獲取生意情報	蘇燕謀譯	110元
②經濟常識問答	蘇燕謀譯	130元
③股票致富68秘訣	簡文祥譯	100元
④台灣商戰風雲錄	陳中雄著	120元
⑤推銷大王秘錄	原一平著	100元
⑥新創意•賺大錢	王家成譯	90元
⑦工廠管理新手法	琪　輝著	120元
⑧奇蹟推銷術	蘇燕謀譯	100元
⑨經營參謀	柯順隆譯	120元
⑩美國實業24小時	柯順隆譯	80元
⑪撼動人心的推銷法	原一平著	120元
⑫高竿經營法	蔡弘文編	120元
⑬如何掌握顧客	柯順隆譯	150元
⑭一等一賺錢策略	蔡弘文編	120元
⑮世界經濟戰爭	約翰•渥洛諾夫著	120元
⑯成功經營妙方	鐘文訓著	120元
⑰一流的管理	蔡弘文編	150元
⑱外國人看中韓經濟	劉華亭譯	150元
⑲企業不良幹部群相	琪輝編著	120元
⑳突破商場人際學	林振輝編著	90元
㉑無中生有術	琪輝編著	140元
㉒如何使女人打開錢包	林振輝編著	100元
㉓操縱上司術	邑井操著	90元
㉔小公司經營策略	王嘉誠著	100元
㉕成功的會議技巧	鐘文訓編譯	100元
㉖新時代老闆學	黃柏松編著	100元
㉗如何創造商場智囊團	林振輝編譯	150元
㉘十分鐘推銷術	林振輝編譯	120元

㉙五分鐘育才	黃柏松編譯	100元
㉚成功商場戰術	陸明編譯	100元
㉛商場談話技巧	劉華亭編譯	120元
㉜企業帝王學	鐘文訓譯	90元
㉝自我經濟學	廖松濤編譯	100元
㉞一流的經營	陶田生編著	120元
㉟女性職員管理術	王昭國編譯	120元
㊱ＩＢＭ的人事管理	鐘文訓編譯	150元
㊲現代電腦常識	王昭國編譯	150元
㊳電腦管理的危機	鐘文訓編譯	120元
㊴如何發揮廣告效果	王昭國編譯	150元
㊵最新管理技巧	王昭國編譯	150元
㊶一流推銷術	廖松濤編譯	120元
㊷包裝與促銷技巧	王昭國編譯	130元
㊸企業王國指揮塔	松下幸之助著	120元
㊹企業精銳兵團	松下幸之助著	120元
㊺企業人事管理	松下幸之助著	100元
㊻華僑經商致富術	廖松濤編譯	130元
㊼豐田式銷售技巧	廖松濤編譯	120元
㊽如何掌握銷售技巧	王昭國編著	130元
㊾一分鐘推銷員	廖松濤譯	90元
㊿洞燭機先的經營	鐘文訓編譯	150元
51ＩＢＭ成功商法	巴克・羅傑斯著	130元
52新世紀的服務業	鐘文訓編譯	100元
53成功的領導者	廖松濤編譯	120元
54女推銷員成功術	李玉瓊編譯	130元
55ＩＢＭ人才培育術	鐘文訓編譯	100元
56企業人自我突破法	黃琪輝編著	150元
57超級經理人	羅拔・海勒著	100元
58財富開發術	蔡弘文編著	130元
59成功的店舖設計	鐘文訓編著	150元
60靈巧者成功術	鐘文訓編譯	150元
61企管回春法	蔡弘文編著	130元
62小企業經營指南	鐘文訓編譯	100元
63商場致勝名言	鐘文訓編譯	150元
64迎接商業新時代	廖松濤編譯	100元
65透視日本企業管理	廖松濤 譯	100元
66新手股票投資入門	何朝乾 編	180元
67上揚股與下跌股	何朝乾編譯	150元
68股票速成學	何朝乾編譯	180元
69理財與股票投資策略	黃俊豪編著	180元

⑩黃金投資策略	黃俊豪編著	180元
⑪厚黑管理學	廖松濤編譯	180元
⑫股市致勝格言	呂梅莎編譯	180元
⑬透視西武集團	林谷燁編譯	150元
⑭推銷改變我的一生	柯素娥　譯	120元
⑮推銷始於被拒	盧媚璟　譯	120元
⑯巡迴行銷術	陳蒼杰譯	150元
⑰推銷的魔術	王嘉誠譯	120元
⑱60秒指導部屬	周蓮芬編譯	150元
⑲精銳女推銷員特訓	李玉瓊編譯	130元
⑳企劃、提案、報告圖表的技巧	鄭　汶　譯	180元
㉑海外不動產投資	許達守編譯	150元
㉒八百伴的世界策略	李玉瓊譯	150元
㉓服務業品質管理	吳宜芬譯	180元
㉔零庫存銷售	黃東謙編譯	150元
㉕三分鐘推銷管理	劉名揚編譯	150元
㉖推銷大王奮鬥史	原一平著	150元
㉗豐田汽車的生產管理	林谷燁編譯	150元

・成功寶庫・電腦編號02

①上班族交際術	江森滋著	100元
②拍馬屁訣竅	廖玉山編譯	110元
③一分鐘適應法	林曉陽譯	90元
④聽話的藝術	歐陽輝編譯	110元
⑥克服逆境的智慧	廖松濤　譯	100元
⑦不可思議的人性心理	多湖輝　著	120元
⑧成功的人生哲學	劉明和　譯	120元
⑨求職轉業成功術	陳　義編著	110元
⑩上班族禮儀	廖玉山編著	120元
⑪接近心理學	李玉瓊編著	100元
⑫創造自信的新人生	廖松濤編著	120元
⑬卡耐基的人生指南	林曉鐘編譯	120元
⑭上班族如何出人頭地	廖松濤編著	100元
⑮神奇瞬間瞑想法	廖松濤編譯	100元
⑯人生成功之鑰	楊意苓編著	150元
⑱潛在心理術	多湖輝　著	100元
⑲給企業人的諍言	鐘文訓編著	120元
⑳企業家自律訓練法	陳　義編譯	100元
㉑上班族妖怪學	廖松濤編著	100元
㉒猶太人縱橫世界的奇蹟	孟佑政編著	110元

國立中央圖書館出版品預行編目資料

美容外科新境界：美容外科的手術及理論／楊啟宏著 --初版 --臺北市：大展，民83
面； 公分 --（健康天地；15）
ISBN 957-557-438-9（平裝）

1. 美容

424.7 83002163

【版權所有・翻印必究】

ISBN 957-557-438-9

美容外科新境界

著　者／楊 啟 宏
發行人／蔡 森 明
出版者／大展出版社有限公司
社　址／台北市北投區（石牌）致遠一路二段12巷1號
電　話／（02）8236031・8236033
傳　眞／（02）8272069
郵政劃撥／0166955－1
登記證／局版臺業字第2171號

法律顧問／劉 鈞 男 律師
承印者／國順圖書印刷公司
裝　訂／日新裝訂所
排版者／千賓電腦打字有限公司
電　話／（02）8836052
初　版／1994年（民83年）4月
定　價／150元

●本書若有破損缺頁敬請寄回本社更換●

大展好書 好書大展

大展好書　好書大展